Mariella Pizzetti

Zauber der Kakteen

und anderer Sukkulenten

Mit 300 Farbaufnahmen,
2 Kärtchen und 14 Zeichnungen

Albert Müller Verlag
Rüschlikon-Zürich · Stuttgart · Wien

Der Verlag dankt Prof. A. Merola, Direktor des Botanischen Gartens von Neapel, und Prof. M. Kroenlein, Direktor des Jardin Exotique in Monaco, für deren freundliche Erlaubnis, die vielen seltenen Pflanzen in ihren Gärten zu fotografieren, und ebenso ihren Mitarbeitern, die dabei behilflich waren. Wir danken auch dem Institut des Botanischen Gartens in Rom und dem Botanischen Institut der Universität Rom, den Direktoren, Dozenten und dem gesamten Personal.
Ein besonderer Dank geht an Herrn Delrue di Menton-Garavan, an Herrn Pallanca in Bordighera und an den Eurogarden in Rom, die uns außergewöhnliche Kakteen zur Verfügung gestellt haben.
Schließlich bedanken wir uns auch bei der Lindley Bibliothek der Royal Horticultural Society in London, die uns Einsicht in sonst schwer auffindbare Publikationen gewährte.

Aus dem Italienischen übersetzt von Mario Bont. Titel des italienischen Originals: «Piante grasse», erschienen bei Arnoldo Mondadori Editore, Mailand. – ISBN 3-275-00752-1. – 1/4-81. – Printed in Italy.

Inhalt

Einleitung

Was ist eine sukkulente Pflanze?

Was die Leute sich im allgemeinen unter dem Begriff «Sukkulenten» vorstellen, ist meist recht ungenau. Gewöhnlich besteht ihre Vorstellung aus einem Durcheinander von Begriffen und Eindrücken wie «Kaktus», «Dornen», «Trockenheit», und oft verbindet sich mit ihr auch eine unterschwellige Abneigung gegenüber ungewöhnlichen Pflanzenformen. Das Wort «sukkulent» leitet sich indes vom lateinischen Wort «succus» ab und bedeutet «Saft». Sukkulente Pflanzen sind also Saftpflanzen. Aber auch diese Bezeichnung weist nur andeutungsweise auf gemeinsame Eigenschaften und Merkmale einer Pflanzengruppe hin, die so unterschiedlich ist, daß als alleinige Gemeinsamkeit lediglich die für all diese Pflanzen unentbehrliche Fähigkeit übrig bleibt, in Trockengebieten oder auf wasserarmen Böden wie Fels und Sand zu überleben.

Bekanntlich sind die Gewebe aller Lebewesen aus Zellen aufgebaut. Sie sind die Grundbausteine des Lebens und enthalten das in der Regel von einer festen

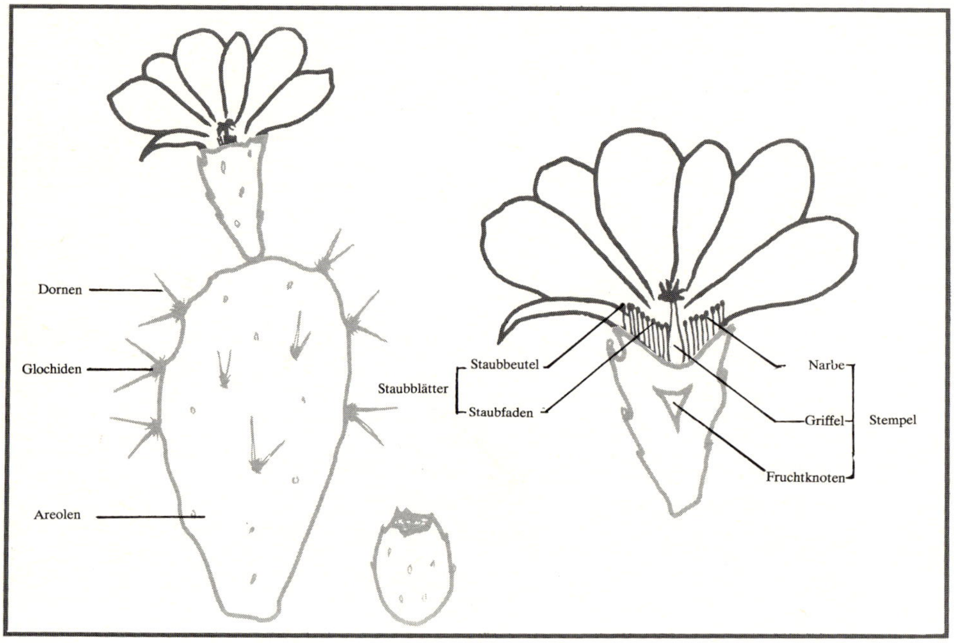

Links: Struktur einer Pflanze, die in charakteristischer Weise die Blattfunktionen durch den Sproß wahrnimmt: Sproß, Blüte und Frucht von *Opuntia.*

Man beachte den unterständigen Fruchtknoten, der die Frucht hervorbringen wird, und die nabelförmige Stelle am Scheitel der Frucht, wo die Blütenblätter standen.

Unten: Bei den Sukkulenten bedeuten die fleischigen Blätter einen Wasserspeicher, der das Überleben während Trockenperioden gewährleistet.

Zellmembran umgebene Protoplasma. Seine Grundsubstanz ist das Zytoplasma, eine durchsichtige, zähflüssige und feinkörnige Masse. In ihr findet man nebst verschiedenen allerkleinsten Teilchen mit Flüssigkeit gefüllte Bläschen, die Vakuolen. Im Zentrum der Zelle, eingebettet in das Zytoplasma, liegt der Zellkern. Als Besonderheit nun sind die Zellen, welche die Gewebe der sukkulenten Pflanzen aufbauen, mit besonders großen Vakuolen ausgestattet, so daß sich in ihnen beträchtliche, manchmal sogar außerordentlich große Flüssigkeitsmengen speichern lassen. Diese Wasservorräte sind es denn auch, die den Sukkulenten auch da noch ein Fortbestehen erlauben, wo andere Pflanzen zugrundegingen.

Natürlich ist dies eine starke vereinfachte Erklärung. Die Wirklichkeit sieht bedeutend komplizierter aus. Erstens darf man die Art des wasserspeichernden Gewebes nicht unberücksichtigt lassen. Zweitens muß man sich stets vor Augen halten, daß die Wasserspeicherung nur dann sinnvoll und wirksam ist, wenn die Gewebe gleichzeitig einen Verdunstungsschutz aufweisen. Derartige Schutzvorrichtungen sind vielfach für die Sukkulenten kennzeichnend. Manchmal findet man

Rechts: Die in einer Rosette angeordneten Blätter sind für viele Sukkulenten kennzeichnend.

Unten: Bei den Kakteen vermindert die Umwandlung der Blätter in Dornen die Wasserverdunstung erheblich.

natürlich auch bei Pflanzen einen Verdunstungsschutz, die nicht zu den Sukkulenten gehören, aber sich ebenfalls vor Austrocknung schützen müssen. Die Zellgewebe von Sukkulenten können als Verdunstungsschutz Behaarung, Wachsauflagen und stark eingesenkte Spaltöffnungen aufweisen, die nur eine schwache Wasserdampfabgabe erlauben. Nicht viel anders ist es bei Pflanzen, die wie die Kakteen und anderen Sukkulenten in Trockengebieten leben oder besonders stark ultravioletter Strahlung ausgesetzt sind, jedoch keine wasserspeichernden Gewebe haben. Wenn die Gewebe zwischen Mark und Rinde Wasser speichern, erscheinen sie anstelle solcher, die sonst in Stamm und Ästen gewöhnlicher Sträucher und Bäume anzutreffen sind, und die äußerste verholzte Schicht sieht dann wie gewöhnliche Rinde aus. Oft sind in einem solchen Fall nichtwasserspeichernde Blätter vorhanden, die in Trockenzeiten teilweise oder ganz abgeworfen werden. Auf den ersten Blick ist es daher eher schwierig, solche Pflanzen von Sträuchern und Bäumen mit normalem Stamm zu unterscheiden. Was die Dornen betrifft, so können es umgewandelte Organe – meist Blätter – sein, die auf diese Weise die Wasser-

dampfabgabe herabsetzen. Die Stämme umgeben sich dann mit einem Gewebe, das ihnen ermöglicht, die Chlorophyllbildung zu übernehmen. Die Dornen dienen zudem als Schutz, wie sie das auch bei vielen anderen Pflanzen tun.

Die genaue Definition einer so ungenau umschriebenen Pflanzengruppe ist ziemlich schwierig, und zwar um so mehr, als diese Pflanzen auch noch verschiedenen botanischen Familien angehören – verschieden in bezug auf ihre Entwicklungsstufe, ihr Verbreitungsgebiet und insbesondere ihre Fortpflanzungsorgane, die allein gültige Unterscheidungsmerkmale bieten.

Nicht nur innerhalb von Familien sind Anordnung und Aussehen von Blättern und Stämmen infolge der Anpassung an ihre Umwelt verschieden, sondern auch innerhalb von Gattungen. Es gibt Familien, die ausschließlich aus Sukkulenten bestehen; bei anderen finden sie sich nur in wenigen Gattungen, und noch andere zeigen zwar eine allgemeine Tendenz zur Sukkulenz, beschränken aber ihre eindeutig als Sukkulenten erkennbaren Vertreter auf einige Arten.

Die verbreitete Gewohnheit, die Sukkulenten als Fettpflanzen (piante grasse, plantes graisses) zu bezeichnen, trägt lediglich dazu bei, die Verwirrung zu vergrößern. In Tat und Wahrheit fehlen nämlich bis auf wenige Ausnahmen der ganzen Gruppe Stoffe, die vom chemischen Standpunkt aus den Fetten und Ölen zugerechnet werden könnten. Die fleischige Beschaffenheit der Gewebe beruht auf der Anwesenheit wässeriger Flüssigkeiten, die oft eine erhebliche Dichte aufweisen und reich an Salzen oder sogar gummiartigen und harzigen Substanzen sein können. Fette aber enthalten sie nie.

Der majestätische Stamm des Affenbrotbaums oder Baobab birgt auch ir den trockensten Gegenden einen ungeahnten Wasservorrat.

Wie man diese Pflanzen auch nennen mag – sie entsprechen meist nicht dem üblichen Schönheitsideal, strahlen jedoch einen Zauber aus, der wohl in der geheimnisvollen Lebenskraft liegt, mit der sie anscheinend ungünstigsten Bedingungen zum Trotz überleben. Schließlich sei noch darauf aufmerksam gemacht, daß sich viele Angaben in diesem Buch auf die Verhältnisse im Mittelmeergebiet beziehen; wo immer es anging, sind sie aber durch solche, die für Mitteleuropa gelten, ergänzt oder ersetzt worden.

Anpassung und Abwehr

Eine Sukkulente im Blumentopf sieht meist eher häßlich und unbedeutend aus. Betrachten wir aber hundert verschiedene Sukkulenten, ersteht eine Wunderwelt vor unseren Augen! Diese seltsamen Formen, manchmal fast furchterregend, manchmal weich harmonisch, bilden unendliche Variationen zu einem einzigen Thema: dem Überleben! Denn die Sukkulenten vermögen sich selbst in der kristallenen Luft der Gebirge, in der sengenden Hitze der Hochebenen wie auch in der kahlen Dürre der Steppen am Leben zu erhalten. Wer auch nur ein wenig naturwissenschaftliches Verständnis besitzt, wird die unglaubliche Anpassungsfähigkeit dieser Pflanzen bestaunen. Und wer gerne Science Fiction liest, kann sich

Im Wandel der Zeiten sind viele Pflanzen Naturkatastrophen erlegen und versteinerten oftmals. Wo sie von der Erde nicht verschluckt wurden, findet man von ihnen noch Spuren an der Oberfläche, wie im berühmten versteinerten Wald in Amerika.

vielleicht auf fernen, unwirtlichen Planeten, auf denen weder Lilien noch Rosen blühen, wenigstens Sukkulenten vorstellen.

Schon früh in unserer Erdgeschichte, vor vielen Millionen Jahren, gab es auf der Erde eine Fülle von Pflanzen. Viele davon sind schon lange ausgestorben, und wir finden sie nur noch versteinert. Aber einer überraschend großen Anzahl ist es gelungen, alle Katastrophen und Klimawechsel zu überleben. Der Preis dafür war die Anpassung, eine Veränderung von Gestalt und Lebensweise. In der Familie der *Cactaceae* (Kakteen) läßt sich die Anpassung besonders gut verfolgen. Die *Pereskia* (eigentlich: *Peireskia*), eine Gattung aus der erwähnten Familie, ist die Urform aller Kakteen, denn sie besitzt immer noch Laubblätter. Bereits sind aber die ersten Dornen vorhanden und – was noch wichtiger ist – die Areolen, das Hauptmerkmal, das die Familie charakterisiert. Areolen sind Achselknospen, aus denen Blüten oder Seitenäste wachsen können. Einen weiteren Schritt zeigen die *Opuntia*. Alle Blätter sind hier schließlich zu Dornen umgewandelt worden, und der wasserspeichernde Stamm hat die Aufgaben der Blätter übernommen. Mit den Opuntien zusammen wachsen die Säulencereen. Erstaunlicherweise findet man aber auch in den feuchten und warmen tropischen Wäldern Kakteen. Sie haben sich hier auf Bäume und Felsen zurückgezogen – sind dorthin geflohen vor der tödlichen Nässe des Urwaldbodens. So sind diese verirrten Kinder einer großen Familie, die in Trockenheit und Hitze lebt, zu Epiphyten geworden. Trotz der

Links unten: Übernimmt der Sproß die Erzeugung von Blattgrün, kann er auf die Blätter verzichten und die Wasserverdunstung vermindern. Im Bild: *Opuntia phaeacantha.*

Unten: Haare, Borsten oder Filz sind der wirksamste Schutz vor übermäßiger Sonnenstrahlung. Im Bild: *Espostoa.*

Oben: Die Mimese der *Lithops*. Man nennt sie zu recht «lebende Steine».

Unten: Auch in kalten Gebieten ist die Rosettenform lebenswichtig; sie schützt die Sproßspitze vor dem Frost und ist kennzeichnend für *Sempervivum*.

großen Feuchtigkeit ihrer Umgebung haben sie die Blätter nicht wiedererlangt. Der Stamm hat sich zu scheinbaren Blättern umgewandelt und nimmt auch deren Aufgaben wahr. Nur noch die Areolen, die meist nur während der Blütezeit zu sehen sind, verraten die Verwandtschaft zu den in Steppen, Wüsten und Gebirgen lebenden Geschwistern.

Auch andere Familien mußten ihre Gestalt ändern und sind zu Stamm-, Blatt- oder Wurzelsukkulenten geworden. Manche verloren dabei die Blätter. Wurden sie beibehalten, mußte zuweilen ihre Beschaffenheit verändert werden, denn Dornen und Stacheln sind zweifellos eine äußerst wirksame Waffe. Wir finden Dornen entlang des Stammes von Euphorbien oder an den Blättern von *Agave* und *Aloe*.

Trotz allem haben viele Pflanzen den «friedlichen» Weg gewählt. Typisch dafür ist die Anpassung an die Umgebung, die sehr viele *Mesembryanthemaceae* (Eiskrautgewächse) an den Tag legen. Sie leben in Steinwüsten oder felsigen Gebieten Südafrikas. Hier finden wir, von wirklichen Steinen nicht zu unterscheiden, «lebende Steine» wie *Lithops, Conophytum* und die wunderschönen, einen Silberglanz ausstrahlenden *Argyroderma*.

Andere Sukkulenten mit Säulenform haben sich zur Kugel entwickelt. So ist ein Minimum der Körperoberfläche den unbarmherzigen Sonnenstrahlen ausgesetzt, und kein liegengebliebenes Regenwasser kann Fäulnis auslösen. Auch Pflanzen mit empfindlichen Triebspitzen haben für ihr Problem eine Lösung gefunden. Diese für das weitere Wachstum der Pflanze notwendigen Teile müssen vor Kälte und Austrocknung geschützt sein. Um dies zu erreichen, wurde der Sproß so weit gestaucht, daß nun die fleischigen Blätter eine schützende Rosette um den Vegetationspunkt bilden.

Es ist seltsam, dass Gift bei Sukkulenten nur vereinzelt eingesetzt wird, obwohl es das einfachste Mittel zur Verteidigung wäre. Etliche haben einen ätzenden Milchsaft, und ganz wenige enthalten giftige Alkaloide; den meisten Sukkulenten fehlt aber jeder Giftstoff. Es sieht so aus, als sei diesen Pflanzen der Schutz vor den Unbilden der Witterung wichtiger als der Schutz vor Tierfraß.

Links: Die wunderschönen Kaktusblüten werden bis zu ihrem Aufgehen von den borstigen Areolen geschützt.

Oben: Viele *Sedum* im Gebirge haben kleine zylindrische Blätter, auf denen sich weder Eis noch Schnee festsetzen können.

Unten: Die langen zylindrischen Sprosse gewisser Sukkulenten bieten Schutz vor der unwirtlichen Umgebung, weil dadurch die Oberfläche der Pflanze verkleinert wird.

Auf bemerkenswerte Weise sichern sich viele Sukkulenten in ihrer unwirtlichen Umgebung das Fortbestehen. Es wird bei manchen Gattungen eine riesige Anzahl kleinster Sämchen gebildet, so daß für einige wenige doch die Wahrscheinlichkeit besteht, keimen und überleben zu können. Die Keimung des Samens vollzieht sich sehr rasch, denn oft sind es nur kurze Regenzeiten, die ein Keimen überhaupt erlauben. Das weitere Wachstum verläuft langsamer und ist nur erfolgreich, wenn das junge Pflänzchen einen Schattenplatz gefunden hat.
Neben der Vermehrung durch Samen können sich Sukkulenten auch auf ungeschlechtliche Art fortpflanzen, doch sind dies Ausnahmen. Dabei bewurzeln sich oberirdische Sprosse, oder es werden Nebentriebe gebildet. Fast alle Sukkulenten haben die Fähigkeit, aus irgendeinem Pflanzenteil einer neuen Pflanze Leben zu geben: zum Beispiel aus einem abgerissenen Blatt oder einem abgetrennten Stück des Stammes. Das ist eine ungemein sinnvolle Einrichtung, denn von sukkulenten Pflanzen können durch Zufall leicht Teile abbrechen.

Geographie der Sukkulenten

Überall auf der Erde, wo Leben kaum noch möglich ist, finden wir Pflanzen, die sich an eine Umgebung anpassen mußten, in der die Wasser- und Temperaturverhältnisse keine normale Entwicklung erlauben. Zu ihnen gehören die Trockenpflanzen oder Xerophyten, die indes wie die Sukkulenten besonders ausgerüstet sind, bei Wassermangel zu überleben. Ihre Stengel und Zweige sind meist hart und starr, aber auch sie haben oft viele Dornen und eine derbe Oberhaut. Viele Arten tragen nur während der kurzen Regenperioden Blätter, die in der Trockenzeit rasch wieder abfallen. Man findet die Xerophyten in trockenen, wüstenhaften Gegenden, im Gebirge und auf felsigem Untergrund, wo kein Regenwasser zurückbleibt und nur eine dünne Erdschicht anzutreffen ist. Zu den Xerophyten zählen beispielsweise Gräser im Gebirge, die im Winter unter der Schneedecke ruhen und im Frühling zu neuem Leben erwachen, ferner Bäume mit einer ungewöhnlich langen Vegetationspause, Pflanzen mit unterirdischen Speicherorganen wie Zwiebeln und Rhizomen und schließlich noch Pflanzen, die einfach absterben, zuvor aber noch Samen hervorbringen, der bei günstiger Gelegenheit zu keimen vermag. In dieser Hinsicht ist die «Rose von Jericho» *(Anastatica hierochuntica)* eine besondere Überlebenskünstlerin. Sie verdorrt, wird vom Wüstenwind ausgerissen und fortgetragen, behütet aber die Samen, bis ein genügend feuchter Platz zum Keimen gefunden ist.

Die Sukkulenten haben dagegen, verglichen mit den Xerophyten, eine eher eigentümliche geographische Verbreitung, besonders was die bei uns wohlbekannten und kultivierten Arten angeht. Aus Asien und Australien kommen nur wenige. Die Steppen Zentralasiens sind vielmehr die Heimat vieler xerophytischer Gräser, und Kleinasien beherbergt eine große Anzahl Xerophyten mit unterirdischen

Im größten Teil der asiatischen Steppen und Wüsten ist die Vegetation xerophytisch, jedoch nicht sukkulent. Sie besteht aus Gräsern und aus Sträuchern mit wenig Laub und einer sehr langen Ruhezeit (Vegetationspause).

Speicherknollen. Xerophytisch und damit widerstandsfähig gegen Trockenheit sind zahlreiche *Acacia*-Arten. Zwar sind Akazien in allen subtropischen Gegenden heimisch, aber die Arten mit Phyllodien nur in Australien. Als junge Pflanzen haben diese Akazien Fiederblätter, die später aber abfallen, wobei sich der Blattstiel zur sogenannten Phyllodie verbreitert und die Chlorophyll-Produktion übernimmt.

Als Sukkulente treffen wir in Australien den baumförmigen *Brachychiton rupestris* aus Queensland an. Er wird oft auch «Flaschenbaum» genannt, da sein mächtig verdickter Stamm nach unten hin eine flaschenförmige Gestalt annimmt und wirklich auch als Wasserspeicher dient. Zarte und seltsam anmutende Sukkulenten-Arten finden wir als Epiphyten auf den Inseln der Südsee oder in den Wäldern Indiens, Indonesiens und Ceylons (Sri Lankas).

In Asièn und Europa sodann sind zahlreiche Gattungen der Dickblattgewächse *(Crassulaceae)* zu Hause. *Sedum* und *Sempervivum* sind in Europa am verbreitetsten, schließt man die aus anderen Kontinenten ins Mittelmeergebiet verbrachten und heute heimisch gewordenen Sukkulenten aus.

Wichtig ist auch die einheimische Sukkulentenflora der Kanarischen Inseln mit blattsukkulenten *Aeonium-*, *Monanthes-* und *Aichryson*-Arten sowie stammsukkulenten Wolfsmilchgewächsen. Auch der mittlerweile andernorts heimisch gewordene Drachenbaum *(Dracaena draco)* stammt von hier.

Die Kontinente, welche dem Sukkulentenliebhaber die meisten Arten liefern, sind Afrika und Amerika. In der Sahara sind nur die Oasenvegetation und an einigen Stellen eine Anzahl Xerophyten anzutreffen, doch finden wir Sukkulenten in

Links: In den Bergen Europas überleben *Sedum* und *Sempervivum* gemeinsam kalte Winter und Schnee.

Oben: *Sedum spurium* ist charakteristisch für die Berge des Kaukasus.

Oben links: Obwohl sie auch in Nordafrika vorkommen und im Mittelmeerraum heimisch geworden sind, sind die *Aeonium*-Arten auf den Kanarischen Inseln beheimatet.

Oben rechts: Auf dem Mount Kenya, auf 4000 Metern Höhe, sind Xerophyten wie die *Lobelia* keine Sukkulenten. Die unteren Blätter sind aber nach unten gebogen, um die Sprößlinge nachts vor der eisigen Kälte zu schützen, die das ganze Jahr über mit der sengenden Hitze des Tages abwechselt.

Somalia, den Gebirgen Kenias und den Steppen der Hochebenen, wo die kandelaberförmigen *Euphorbia* aus der Familie der Wolfsmilchgewächse zusammen mit den dornigen *Acacia* vorkommen. Die Sukkulenten übersteigen die Hochebenen nicht, mögen diese auch nahe dem Äquator liegen. In den feuchten Wäldern der Täler aber wächst auf Bäumen der einzige Kaktus, der außerhalb von Amerika seine Heimat hat. Es ist *Rhipsalis cassutha,* dessen Verbreitungsgebiet von Ostafrika über Sansibar und Madagaskar bis nach Ceylon (Sri Lanka) reicht. Der ganze tropische Gürtel Afrikas, von Senegal bis Tansania, ist das Reich von *Adansonia digitata,* des fabel- und mythenumsponnenen Baobab, der wohl einer der ältesten Bäume und von Legenden und Aberglaube umwoben ist.

Die *Asclepiadaceae* (Familie der Seidenpflanzengewächse oder Aasblumen) erscheinen, wo immer es trocken ist. In dieser Familie begegnen wir *Caralluma* sowie den grotesken Formen von *Pseudolithos* in Somalia. Viele Arten von *Kalanchoe* sind auf Afrika und Madagaskar beschränkt. Auf dieser Insel, deren außerordentliche Flora über 3000 nur hier heimische Arten zählt, wachsen *Kalanchoe beharensis* und *orgyalis,* die große Sträucher bilden. Ebenso sind viele Vertreter der Gattung *Pachypodium,* alle *Didiereaceae* sowie eine beachtliche Zahl von *Euphorbiaceae* – unter anderen die stark verbreitete *Euphorbia milii* (Christusdorn) – Kinder Madagaskars.

Eine überreiche Sukkulentenvegetation findet man auch in Südafrika, vom Wendepunkt des Steinbocks bis hin zum Kap der Guten Hoffnung. Hier ist das Klima extrem trocken, ausgenommen die Küstenregion. Bergketten steigen vom Meeresspiegel hinauf bis gegen 3000 Meter. Dazwischen eingeschlossen liegen Wüsten

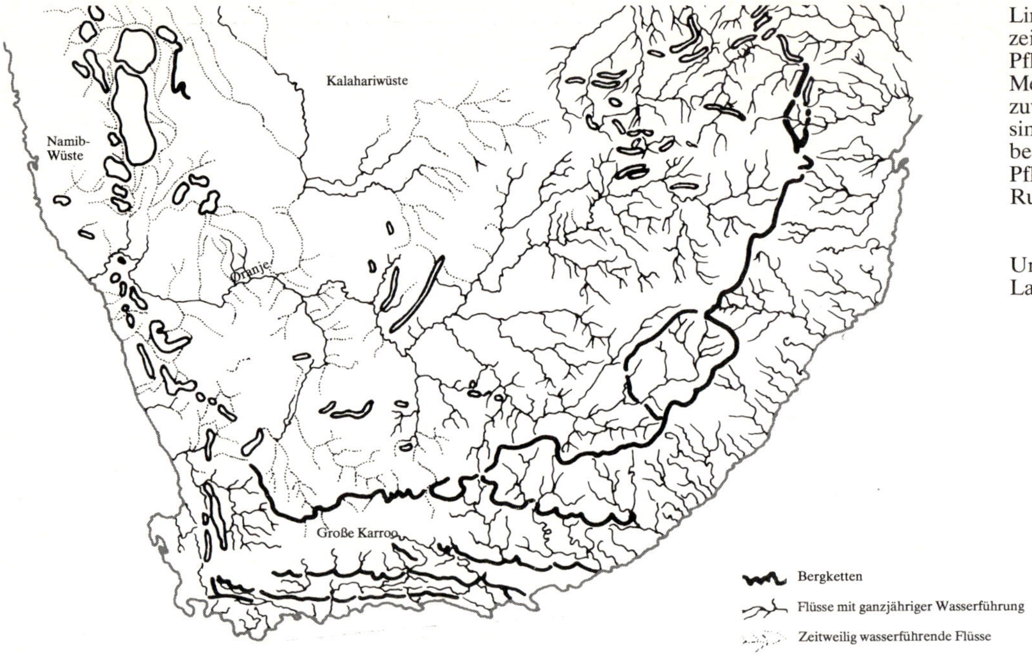

Links: Eine detaillierte Karte von Südafrika zeigt klar, weshalb die dort heimischen Pflanzen sehr ausgeprägte sukkulente Merkmale zeigen und weshalb sie gegen zuviel Feuchtigkeit besonders empfindlich sind. In diesen endlosen Weiten, wo nur zu bestimmten Zeiten Regen fällt, können die Pflanzen einzig durch eine absolute Ruheperiode überleben.

Unten: Eine charakteristische afrikanische Landschaft mit Kandelabereuphorbien.

und die Südafrikanische Hochebene mit der Kalahari-Wüste. In der Großen und Kleinen Karroowüste östlich des Kaps erscheinen die Eiskrautgewächse *(Mesembryanthemaceae)* in einer solchen Fülle, daß einer ihrer Vertreter den Namen der Wüste erhalten hat: *Carruanthus,* «Blume der Karroo». An der Küste Südwestafrikas liegt die Namib-Wüste, die Heimat der uralten *Welwitschia.*

Über ganz Südafrika und Südwestafrika verstreut trifft man «lebende Steine» neben echten. *Crassulaceae* und *Asclepiadaceae* finden hier günstige Bedingungen und bringen ungewöhnliche Formen hervor, wie zum Beispiel *Fockea.* Überhaupt gedeihen in diesen Gebieten Pflanzen, deren Familienzugehörigkeit herauszufinden oft einige Schwierigkeiten bereitet. Da gibt es Korbblütler *(Compositae),* die nur zur Blütezeit ihre Verwandtschaft zu unserer Margerite erkennbar werden lassen, und *Pelargonia,* die auf den ersten Blick mit unseren Geranien nichts gemein zu haben scheinen; außerdem Rebengewächse *(Vitidaceae),* die oft eher einem Reisigbündel gleichen. Aber vor allem herrscht hier die Gattung *Aloe,* das Gegenstück zur amerikanischen *Agave.* Die beiden gleichen sich und werden deshalb häufig verwechselt, zumal beide mit einigen Arten an unseren Mittelmeerküsten heimisch geworden sind. Neben Südafrika umfaßt das Verbreitungsgebiet der *Aloe* aber auch Madagaskar, Ostafrika und Südwestafrika. Im Süden und Südwesten Afrikas finden sich indessen auch Pflanzen, die lebende Fossilien sind,

Oben: Viele der sogenannten lebenden Steine in Südafrika weisen untereinander äußere, jedoch nicht botanische Ähnlichkeiten auf: hier ein *Dinteranthus,* benannt nach dem deutschen Sukkulentenforscher Moritz Kurt Dinter (1868–1945).

Rechts: Wenn der Frühling kommt, erwachen die amerikanischen Wüsten zu neuem Leben: zwischen den Dornen der Kakteen leuchten farbenprächtige Blüten.

Unten: Das Rohr, mit dem die Buschleute das Wasser aus den Bodenlöchern saugen, ist mit einem Filter aus Gras versehen.

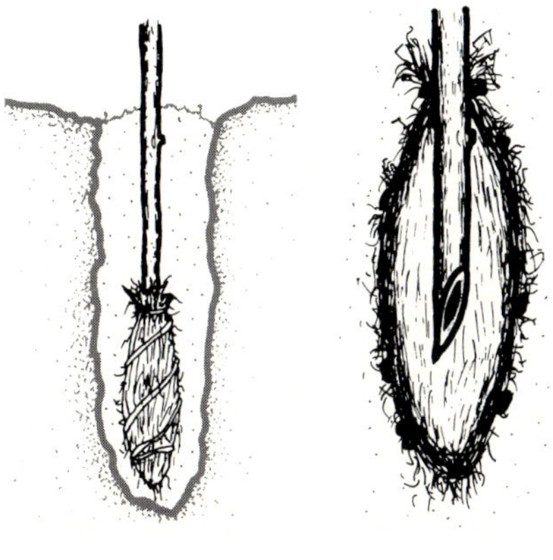

und solche, deren Zugehörigkeit zu einer Familie und Gattung noch nicht abgeklärt werden konnte. Wie erwähnt ist oft nur die Blüte und Frucht als Erkennungsmerkmal zu gebrauchen, manchmal aber nicht einmal diese. Die Einordnung erfordert dann lange und aufwendige Studien von Stoffwechsel und Zellbau.

Die Kakteen *(Cactaceae)* sind die typischen Stammsukkulenten Amerikas. Alle Kakteen sind «Amerikaner», mit Ausnahme der Kaktus-Epiphyten außeramerikanischer Tropen. Kakteen lassen sich, ungeachtet ihrer Gestalt und Blüten, an den oft mit Dornen bewehrten Areolen erkennen. Im ganzen Südwesten der USA begegnen wir den Opuntien, den säulenförmigen Cereen, den kugeligen, mit Dornen gespickten Echinocacteen und Ferocacteen, die die weiten Wüsten und die tiefen Canyons von Colorado, Neu-Mexiko und Arizona besiedeln. Hier, bei Tucson, gibt es ein Schutzgebiet, das auch Wüstenmuseum genannt wird. Die einzigartigen und ungewöhnlichen Kakteen, die hier ihre Heimat haben, verteilen sich auf Abhänge und Senken mit halb verdorrten Sträuchern und versengtem Gras. Zur Frühlingszeit, wenn wohltuender Regen fällt, entfalten sie ihre prächtigen, leuchtenden Blumen.

Alle Wüstenkinder nutzen mit unglaublicher Schnelligkeit die kurze Regenzeit und keimen und blühen. Die Sukkulenten füllen gleichzeitig ihre Wasservorräte auf und leiten das Wasser der Spitze zu, um die herrlichen Blüten aufgehen zu lassen. Sogar die Blattrosetten der *Yucca* zeigen hoch oben ihre Blütenstände. Das Gebiet der *Cactaceae* setzt sich weiter nach Mexiko fort, wo auf den besonnten Hochebenen auch einige charakteristische *Crassulaceae* und vor allem Agaven wachsen. Die *Agave* war früher die einzige Nutzpflanze, die in diesem Klima in wesentlichen

Oben: Das Verbreitungsgebiet der Kakteen *(Cactaceae)*.

Rechts: In Mexiko, wo die Agaven zum typischen Landschaftsbild gehören, werden sie ausgedehnt angebaut und wirtschaftlich genutzt.

Links: Das Gebiet der Säulenkakteen erstreckt sich von den Anden mit ihren schneebedeckten Gipfeln bis ins argentinische Tiefland.

Mengen gedieh. Der Sukkulentengürtel Amerikas zieht sich bis zu den Anden. Stets sich anpassend, verändern sie ihre Gestalt: sie sind Epiphyten im feuchten Schatten des Tropenwalds, mit dichten Borsten überzogen im gefährlichen ultravioletten Licht und in der Kälte des Gebirges. *Cereus* und *Opuntia* begegnet man noch auf beachtlicher Höhe, und je näher wir von den Anden zur Argentinischen Ebene kommen, desto häufiger finden wir die kleinen, blühenden Kugelpolster von *Lobivia* und *Gymnocalycium.* Die große Widerstandsfähigkeit gegen Kälte, ja manchmal sogar gegen Eis ist bei vielen Kakteen auf ihre heimatliche Umgebung zurückzuführen – auf die frostigen Nächte der Andenhöhen und das hohe Temperaturgefälle zwischen Tag und Nacht, dem auch Kakteen tieferer Lagen ausgesetzt sind. Für die Pflege von Sukkulenten ist es deshalb enorm wichtig, die Heimat der Pflanzen zu kennen, damit wir ihnen wenigstens annähernd ihre natürlichen Bedingungen anbieten können.

Die einheimischen Pflanzen der Alten Welt, die schon im Altertum bekannt waren, behielten teilweise noch ihren Namen, wie der kleine *Umbilicus rupestris* oder «Venusnabel».

Die Benennung der Sukkulenten (Nomenklatur)

Es ist zuzugeben, daß die Benennung der Sukkulenten oft Schwierigkeiten bereitet und Liebhabern mitunter als heilloser Wirrwarr erscheinen muß. Selbst der Wissenschaftler steht ihr gelegentlich hilflos gegenüber. Dies ist das Ergebnis einer stürmischen Entwicklung, zu der Neuentdeckungen, Umbenennungen und Neuzuordnungen gehören, so daß die Nomenklatur der Sukkulenten zur wohl schwierigsten aller höheren Pflanzen geworden ist. Grund dafür mag sein, daß im Gegensatz zu vielen Bäumen und Gartenpflanzen im Altertum nur sehr wenige Sukkulenten schon bekannt waren. So entgingen diese einer frühen Erforschung und Benennung. Dennoch gibt es Sukkulenten mit klassischen, aus der Antike stammenden Namen. Es handelt sich dabei um Pflanzen wie *Sedum* oder *Sempervivum* oder auch *Euphorbia,* von deren Gattung den Griechen und Römern viele einheimische und afrikanische Arten bekannt waren. Die Schwierigkeiten mit der Benennung traten erst auf, nachdem Amerika und damit eine immense Fülle neuer Sukkulenten entdeckt worden war. Oft stand für die Benennung einer Pflanze nur eine Beschreibung aus einem Reisebericht zur Verfügung, und ebensooft wurde diese Beschreibung noch ungenau ausgewertet.

Heute noch spricht man vom «Kaktus», obwohl dieser Name eigentlich nichts mehr bedeutet. Er stammt aus dem Griechischen und heißt soviel wie «dornige, unbekannte Pflanze». Die Griechen benutzten ihn also generell zur Benennung von dornigen, unbekannten Pflanzen. Der Name erscheint bereits bei Theophrast in der «Historia Plantarum» und bei Theokrit im 3. Jahrhundert v. Chr. Der Name hat aber sicher nichts mit den heute als Kakteen bezeichneten Pflanzen zu tun, da diese ja aus Amerika stammen und den antiken Gelehrten nicht bekannt sein konnten. Nach der Entdeckung Amerikas zogen die Kakteen die Aufmerksamkeit der Reisenden auf sich, und bereits 1597 beschreibt John Gerard in seinem in London erschienenen «Herball» vier Kakteen: einen *Melocactus,* zwei *Cereus* und eine *Opuntia,* wobei er freilich andere Bezeichnungen dafür verwendete.

Erst zur Zeit des großen Arztes und Naturforschers Carl von Linné erweiterte sich das Wissen um die Kakteen schnell. Es wurde aber auch klar, daß eine Gattung allein für eine so verschiedenartige Pflanzengruppe nicht genügte. In der zweiten Hälfte des 18. Jahrhunderts begann der Engländer Philip Miller die alte Gattung in vier neue aufzuteilen, mit den Namen: *Pereskia, Opuntia, Cereus* und *Cactus.* Es war Adrian Hardy Haworth, der 1812 die Gattung *Cactus* auflöste und daraus fünf

neue Gattungen bildete. Nicht genug damit! Noch manch weiterer Wissenschaftler mischte in dieser Angelegenheit wacker mit, so daß wir heute eine große Anzahl Gattungen, aber auch viele Doppelbezeichnungen haben. Bei dieser Gelegenheit sei an die Anekdote um die Benennung der *Carnegiea gigantea* erinnert: 1848 wurde dieser Kaktus vom Deutschamerikaner George Engelmann *Cereus giganteus* benannt. 1908 erkannten die Amerikaner Nathaniel Lord Britton und Joseph Nelson Rose, daß es sich nicht um einen *Cereus* handelte, und gaben ihm den Namen *Carnegiea.* Dies geschah zu Ehren des Philanthropen Andrew Carnegie, eines großen Gönners der Wüstenforscher von Tucson in Arizona. Als Carnegie

Rechts: In jedem Land, in dem sie heimisch sind, haben die Pflanzen volkstümliche Namen, die aber oft nur den Typ bezeichnen. So werden auch eine Anzahl Opuntien mit kurzen zylindrischen Zweigen ungeachtet der botanischen Art einfach «chollas» genannt.

Unten: Die kriechenden Formen der *Mesembryanthemaceae* (Eiskrautgewächse) sind auch unter zahlreichen anderen Namen bekannt.

diese Wissenschaftler besuchte, wurde er über die Benennung der besagten Pflanze informiert und war sehr gerührt. Als er aber die Pflanze sah, welche seinen Namen trug, fragte er ganz verwirrt: «Wie hat eine so eindrückliche Pflanze bis heute unerkannt bleiben können?» Offenbar war das Wissen um die Kniffe botanischer Namensverleihungen nicht bis zu ihm gedrungen …

Wer eine Sukkulente näher kennenlernen will, muß zuerst ihre Familienzugehörigkeit feststellen. Kennt man die Familie, gelangt man meist schnell zur Gattung. Was die Art betrifft, so läßt sich diese leicht erkennen, wenn einfache Merkmale vorliegen. Sie ist jedoch fast nicht auszumachen, wenn die Unterscheidungsmerk-

Carnegiea gigantea, der majestätische «Saguaro», der die amerikanischen Wüsten beherrscht und dessen Früchte wie die von allen Säulenkakteen Pitayas genannt werden, kann über Jahrhunderte leben. In seinen Stämmen und Ästen nistet ein kleiner Vogel, der Zaunkönig der Kakteen (cactus-wren). Die charakteristischen runden Löcher verraten die Anwesenheit des geflügelten Gastes.

Oben: *Matucana weberbaueri.* Als den neuen Gattungen die Namen verliehen wurden, ließen sich die Botaniker oft von Eingeborenennamen oder von den Ortsbezeichnungen der Fundorte inspirieren. Dies ist auch bei Matucana der Fall. Es ist ein Dorf östlich von Lima in den peruanischen Anden, wo die Kakteen dieses Namens zum erstenmal angetroffen wurden.

Rechts: Selbst die Bibel, die von den «Eroberern des Westens» mitgeführt wurde, war bei der Namensgebung im Spiel. Davon zeugt der «Josua-Baum» *(Yucca brevifolia),* der in der endlosen Wüste in den Himmel ragt.

male sehr fein sind. Das ist vor allem bei den vielen Kreuzungen, welche die Kultivierung dieser Pflanzen hervorgebracht hat, der Fall.
Es muß betont werden, daß man sich auf Bezeichnungen aus dem Volksmund nicht verlassen darf. Im angelsächsischen Sprachgebiet werden etwa solche verwendet, nur vermögen auch diese keine Klarheit zu schaffen. Viele amerikanische Namen, die meist spanische Elemente enthalten, haben die Grenze ihrer Ursprungsgebiete überschritten. Der indianische Name «Saguaro» für *Carnegiea gigantea* ist zwar überall bekannt, doch «Organ Pipe cactus» bzw. «Orgelpfeifenkaktus» für *Lemaireocereus thurberi* kaum. «Tuna» werden mancherorts Opuntien mit plattem

Stamm genannt, andernorts sind mit diesem Ausdruck die Früchte des Feigenkaktus gemeint. Man kann auch nicht behaupten, die Bezeichnung «Joshua tree» lasse auf eine *Yucca brevifolia* schließen. Im weiteren verwendeten die Botaniker auch Namen der Herkunftsorte oder Wörter aus der Eingeborenensprache. So stammt *Caralluma* aus einer Eingeborenensprache, *Matucana* ist ein Ort in den peruanischen Anden, in *Lobivia* steckt der Name Bolivien und *Cochemiea* ist vom Namen eines Indianerstammes abgeleitet.
Auch sogenannte Standort-Varianten tragen viel zur Verwirrung in der Namengebung und Unterscheidung einzelner Sukkulentenarten bei. Je nach den Umweltbedingungen zeigen nämlich an sich artgleiche Pflanzen manchmal im Wuchs oder in der Blütenfarbe Unterschiede, die manchen Feldforscher zur Annahme verleitete, er habe eine neue Art entdeckt. Wer eine neue Art entdeckt, darf ihr den Namen geben, und so ist es zeitweise auch schon zu unangenehmen Auseinandersetzungen zwischen Fachleuten gekommen, von denen der eine behauptete, eine neue Art gefunden zu haben, während andere darauf hinwiesen, daß es sich einfach um eine Standortvariante einer bereits bekannten und benannten Art handle ... Auch sind sich in gewissen Einzelheiten der Nomenklatur durchaus nicht alle Experten aller Länder einig. Für den Sukkulenten-Freund, der sich nicht auf Gelehrtendiskussionen einlassen kann, spielen indes solche Unterschiede keine wesentliche Rolle; sie werden daher in diesem Buch, wo sie nur verwirrend wirken könnten, nicht berücksichtigt.

Einteilung in botanische Familien

Wie wir schon gegen Ende des vorhergehenden Abschnittes feststellten, ist bei der Vielfalt der Sukkulenten ihre Einteilung außerordentlich kompliziert, ja verwirrend. Vieles ist zwar abgeklärt, aber manches noch umstritten oder im Fluß. Es ist offensichtlich schwierig, die Sukkulenten, jede Art für sich, in das bewährte Schema Familie – Gattung – Art eindeutig und ein für allemal einzuordnen. Im Grunde haben alle Sukkulenten nur eines gemeinsam: zuviel Nässe bringt sie um. Doch sogar diese sehr allgemeine Regel gilt nicht restlos für alle – es gibt Ausnahmen.
Manche Pflanzenfamilien bestehen nur aus Sukkulenten, bei anderen wiederum gehört nur eine gewisse Anzahl zu den Sukkulenten. Wir zählen diese Familien in alphabetischer Reihenfolge auf und erwähnen die wichtigsten Sukkulenten, die zu jeder Familie gehören. Eine gründliche und streng wissenschaftliche Abhandlung ist es freilich nicht und soll es auch nicht sein. Immerhin stimmt unsere Einteilung mit der von Gordon Rowley («Kosmos-Enzyklopädie der Sukkulenten und Kakteen»; siehe Bibliographie) überein. Sie enthält jedoch vier Familien mehr, die Rowley nur am Rande erwähnt, wie die *Bromeliaceae* und *Oxalidaceae,* oder als Familie gar nicht aufführt, wie die *Begoniaceae* und *Welwitschiaceae.* Zudem werden hier bei der Unterfamilie *Cactoideae, Tribus 2 Cacteae,* zwei falsche Benennungen korrigiert: der Subtribus 5 *Cactinae* muß richtigerweise Subtribus 5 *Melocactinae* heißen, und die Bezeichnung für den Subtribus 6 *Echinocactinae* lautet richtig Subtribus 6 *Cactinae.* Quelle für diese Korrektur ist Dr. R. Hunts Beitrag im Werk von J. Hutchinson: «The Genera of Flowering Plants» (siehe Bibliographie). Auf dieser Schrift basiert Rowleys gesamte Klassifikation, wobei die erwähnten zwei Unkorrektheiten unterliefen.

Agavaceae: Nicht alle Autoren sind sich über diese Familie einig. Viele weisen ihre Vertreter den *Amaryllidaceae* und *Liliaceae* zu. In der Klassifizierung von Adolf Engler gelten die *Agavaceae* zwar als eine Familie, doch sind nach Rowley die internen Abgrenzungen dieser Familie noch nicht vollständig geklärt. Unter den *Agavaceae* findet man die verschiedensten Formen, vom Kraut bis zum Baum. Nicht alle aber sind sukkulent. Manchmal sind es ganze Gattungen, ein andermal nur einige Arten einer Gattung. An der Spitze dieser Familie stehen als Gattung die der Neuen Welt entstammenden Agaven, worunter sich die weitverbreitete und mittlerweile auch im Mittelmeergebiet heimisch gewordene *Agave americana* befindet. Sie ist eine außerordentlich robuste Pflanze, und ebenso sind es die aus ihr hervorgegangenen Varietäten (Rassen). Viele Legenden und Halbwahrheiten sind über diese Pflanze verbreitet worden. Man sagt, sie blühe nur einmal in einem Jahrhundert (die Angelsachsen nennen sie deshalb «century plant») und gehe hernach zugrunde. In Wirklichkeit kann aber jede Blattrosette, die über zehn Jahre alt ist, einen Blütenstand hervorbringen. Danach stirbt die Rosette tatsächlich ab. Die Pflanze lebt indessen weiter, dank Ausläufern am Grund der Rosette. Die Freilandkultur von Agaven ist nördlich der Alpen auf einige wenige Arten beschränkt, und nur kleine, junge Exemplare lassen sich im Blumentopf halten. Es gibt aber dennoch einige Arten, meist klein und von langsamem Wuchs, die über Jahre hinweg im Topf gedeihen. Beispiele dafür sind die *Agave bracteosa, A. filifera, A. parviflora* und *A. victoriae-reginae.* Den Agaven sehr ähnlich, aber weniger stark verbreitet ist die Gattung *Furcraea.* In der Agavenfamilie finden wir auch baumförmige Typen: *Yucca, Nolina* und *Dracaena draco,* den berühmten Drachenbaum der Kanarischen Inseln. Auch einige Arten der Gattung *Sansevieria* (Bogenhanf) sind sukkulent.

Links: *Agave americana.* Über sie wird viel Falsches erzählt, so zum Beispiel, daß sie nur einmal im Jahrhundert blühe, was natürlich nicht stimmt.

Rechts: Einer der berühmten Drachenbäume, *Dracaena draco,* der Kanarischen Inseln. Diese Bäume werden zu den ältesten der Welt gezählt. Das Harz, das aus dem Stamm rinnt, lieferte einst das «Drachenblut», das im Altertum in der Heilkunde verwendet wurde. Es diente auch als Siegellack und als Farbstoff.

Links, in der Mitte: Die *Furcraea* sind enge Verwandte der Agaven, aber weniger robust und schwerer zu halten. Sie sind deshalb auch weniger verbreitet.

Aizoaceae/Mesembryanthemaceae: *Die Mesembryanthemaceae* oder Eiskrautgewächse haben eine wechselvolle Geschichte hinter sich. Die ersten Arten, die man ungefähr Mitte des 17. Jahrhunderts kennenlernte, wurden von Paul Herman, dem damaligen Leiter des Botanischen Gartens von Leiden, als *Ficoides* oder *Ficus aizoides africana* bezeichnet, da ihre Früchte den Feigen verblüffend ähnlich sind. *Carpobrotus edulis* heißt heute noch volkstümlich «Hottentottenfeige». Wenig später ersetzte der Danziger Jacob Breyne (1637–1697) den von Herman eingeführten Namen durch *Mesembrianthemum,* und bald darauf korrigierte ihn Johann Jakob Dillenius (1687–1747) zu *Mesembryanthemum,* dem Namen, der auch vom Schweden Carl von Linné (1707–1778) angenommen wurde. In späteren Jahren versetzte man diese Gattung in die Familie *Aizoaceae,* die man noch lange Zeit *Ficoidaceae* nannte. Im Lauf der Jahre und mit der Schaffung neuer Gattungen ist noch manche Einteilung versucht worden. Im deutschen Sprachraum folgte man den Botanikern Hans Herre und Otto Heinrich Volk, die für die sukkulenten Vertreter der *Aizoaceae* die Familie *Mesembryanthemaceae* aufgestellt haben. Gordon Rowley gliedert diese nur Blattsukkulenten umfassende Familie in vier Unterfamilien und sieben Tribus mit zusammen an die hundert Gattungen. Aus editorischen Gründen stellen wir hier die Bezeichnung *Aizoaceae* an erste Stelle, verwenden jedoch im folgenden stets den heute gebräuchlicheren Namen *Mesembryanthemaceae.* Diese Pflanzen wissenschaftlich zu ordnen, ist sehr schwierig. Der Amateur begnügt sich daher meistens mit einer Bezeichnung, die der Form und Verwendbarkeit der Pflanze entspricht. Von diesem eher praktischen Gesichtspunkt aus lassen sich die *Mesembryanthemaceae* in drei auf ihre Gestalt bezugnehmende Gruppen unterteilen:

- Halbsträucher mit mehr oder minder aufrechten oder kriechenden Sprossen. Hierher gehören die stark verbreiteten Gattungen, die einfach zu halten sind und sich für an der Küste gelegene Gärten auch in gemäßigten Klimaten eignen. Es sind dies *Carpobrotus acinaciformis,* ansässig im ganzen Mittelmeerraum, und der mit ihm verwandte *Carpobrotus edulis* mit seinen eßbaren Früchten. Auch die Gattungen *Lampranthus, Drosanthemum* und verschiedene andere bereichern die Gärten milder und trockener Gebiete. Ihre Blätter sind dünner als die dreieckförmigen von *Carpobrotus,* und ihre Blüten sind kleiner, aber ebenso auffällig. Daneben gibt es Gattungen von ähnlicher, jedoch kleinerer Gestalt mit meist kleinen weißen oder gelben Blüten. Den Angehörigen dieser Gruppe ist folgendes Merkmal eigen: nicht nur die Blätter verdorren, sondern auch die untere Zone des Stammes, wobei die im Inneren gelegenen Wasserleitgefäße intakt bleiben und den obersten Sproßteilen Wasser zuführen. Es ist also von Vorteil, diese Pflanzen oft zu verjüngen und zu vermehren.
- Strauchige kleine Pflanzen mit dicken, wasserspeichernden Blättern. Charakteristisch für diese Gruppe sind die Gattungen *Faucaria, Titanopsis* und *Trichodiadema.*
- Pflanzen, die scheinbar aus einem einzigen Körper bestehen, der aber in Wirklichkeit aus zwei sukkulenten gegenständigen Blättern besteht, zwischen denen die für die Familie typischen Blüten erscheinen. Werden sie gut gehalten, bilden sie je nach Art kleine Kolonien oder Polster. In dieser Gruppe finden wir die sogenannten lebenden Steine: *Lithops, Gibbaeum, Argyroderma* und die verhältnismäßig großen *Pleiospilos,* nebst vielen anderen, weniger bekannten. Diese in hohem Maß sukkulente Gruppe ist sehr empfindlich gegen Feuchtigkeit. Werden sie völlig trocken gehalten, ertragen sie niedrige Temperaturen, nicht aber Frost. Fünf bis sechs Grad Celsius sind vonnöten, damit sie im Gewächshaus

Die Blüten der *Mesembryanthemaceae* (Eiskrautgewächse) sind alle vom gleichen Typ und gleichen den Margeriten. In Wirklichkeit haben sie echte Kronblätter, und der innere Teil besteht aus zahllosen Staubblättern, und nicht wie bei den Korbblütlern aus vielen kleinen Einzelblüten. Die Gestalt der Pflanzen ist verschieden, doch die Gewebe sind immer ausgesprochen sukkulent und verlangen eine trockene Umgebung.

optimale Bedingungen finden. Sie werden aber oft auch in Wohnungen und Frühbeetkästen kultiviert. Im Sommer sollten sie im Freien direkt an die strahlende Sonne gestellt werden.

Apocynaceae: Die Angehörigen der Familie des Oleanders sind im allgemeinen widerstandsfähig gegen Trockenheit. Oft enthalten sie einen Milchsaft, der wie beim Oleander und bei *Adenium obesum var. multiflorum* giftig sein kann. Die *Adenium* sind strauchig, laubabwerfend und haben einen unterirdischen saftspeichernden Stamm. Ihre Blüten sind besonders auffällig. Die bekannteste Pflanze dieser Gattung, *Adenium obesum,* wird darum «Wüstenrose» genannt. Tatsächlich sind die trichterförmigen, karminrosafarbenen und rotumsäumten Blüten wunderschön. Als Kinder Afrikas müssen sie in gemäßigten Klimaten im Gewächshaus gehalten werden. Die andere afrikanische Gattung, *Pachypodium,* mit vielen in Madagaskar endemischen Arten, hat Zwerg- wie auch Baumformen, wobei die ersteren einen verdickten, oft schraubenförmig gewundenen Hauptstamm aufweisen. Die Blätter werden bei einigen Arten regelmäßig abgeworfen, bei anderen dagegen nur dann, wenn die Temperatur unter einen bestimmten Wert sinkt; es

Links außen: Wenn man *Adenium obesum* blühen sieht, versteht man gut, weshalb diese Pflanze «Wüstenrose» genannt wird. Die auffälligen trichterförmigen Blüten bilden eine Symphonie in rosa und rot.

Unten Mitte: Die seltsamen und bezaubernden Blüten einer sukkulenten *Ceropegia.*

Ganz unten: Trotz der seltsamen Gestalt des Sprosses erinnern die Blüten der *Pachypodium* an jene des verwandten Oleander.

Unten links: In den tropischen Wäldern verwachsen die dünnen Sprosse der *Dischidia* mit rauhen Baumstämmen, und ihre Blätter schwellen zuweilen an.

Unten rechts: Die warzigen und blattlosen Sprosse von *Hoodia* schmücken sich mit zarten Blüten.

bleibt jeweils an der Triebspitze eine Blattrosette übrig. Die Glockenblüten der einzelnen Arten weisen die verschiedensten Farben auf: Weiß, Gelb, Rosa und Rot.

Asclepiadaceae: Diese Familie enthält an die 130 Gattungen mit etwa 2000 Arten. Es sind Bäume, Sträucher und krautige Pflanzen. Manche davon sind Sukkulenten, und manchmal sind auch ganze Gattungen sukkulent. Viele der Nichtsukkulenten haben lange, dünne und schnurförmige Stengel oder winden sich um Bäume, so etwa *Stephanotis,* deren wohlriechende Blüten weiß sind. Bezaubernde dekorative Blütenstände hat auch *Hoya.* Die Sukkulenten, zum Beispiel *Stapelia,* haben oft einen üblen Duft, der aasliebende Insekten anzieht. Die Blüten der *Ceropegia* sind besonders ungewöhnlich und reizvoll. In der gleichen Gattung findet man Arten mit langen dünnen Trieben wie auch solche mit dicken sukkulenten Sproßknollen.

Die vollständig aus Sukkulenten zusammengesetzten, eine erste Gruppe bildenden Gattungen bestehen aus Pflanzen mit blattlosen Hauptsprossen, die Büsche bilden. Dazu gehören *Stapelia, Caralluma, Hoodia, Huernia* und einige kleinere Gattungen. Viele *Huernia* wurden als *Stapelia* beschrieben, sind nun aber aus dieser

Gattung entfernt worden, wobei der Name als Synonym erhalten geblieben ist. Die *Echidnopsis* haben dagegen lange, zylindrische und gegliederte Sprosse, die kleine gelbe, rote oder braune Blüten hervorbringen. *Sarcostemma viminale* hat lange binsenförmige Stengel, die Nebenwurzeln aussenden können, welche jede geeignete Stütze umklammern. Die tropischen Epiphyten *Dischidia* mit verdickten wasserspeichernden Blättern und mit an Bäumen haftenden Luftwurzeln sind fast unbekannt. Ihre Kultur ist äußerst schwierig, nicht zuletzt wegen der hohen Luftfeuchtigkeit, die sie benötigen. In einer letzten Gruppe finden wir unter anderen *Brachystelma, Pseudolithos* und *Trichocaulon.* Der Körper ist hier dick, zylindrisch oder kugelförmig. Da diese Pflanzen rar sind und unendlich langsam wachsen, sind sie für den Liebhaber echte Sammelstücke. Ebenso selten sind die aus Afrika stammenden *Fockea.* Ihr Stamm, der einer dicken Rübe ähnelt und recht holzig wird, hat an der Spitze dünne Äste mit kleinen sukkulenten Blättern. Das wohl berühmteste Exemplar von *Fockea capensis* ist jenes in einem Gewächshaus des Schlosses Schönbrunn bei Wien, wohin es gegen Ende des 18. Jahrhunderts verbracht worden ist. Südafrikanische Botaniker bestreiten, daß es das älteste Exemplar überhaupt ist – das Alter dieser Pflanze ist aber dennoch bemerkenswert.

Unten links: Die sternförmigen Blüten der *Huernia* aus der Familie der Seidenpflanzengewächse oder Aasblumen *(Asclepiadaceae)* halten eine unangenehme Überraschung bereit: wie die Blüten verwandter Gattungen strömen sie einen widerlichen Verwesungsgeruch aus, um aasliebende Insekten zur Bestäubung anzulocken.

Unten rechts: Sehr wenige Arten von *Hoya* können als echte Sukkulenten betrachtet werden, aber alle zeigen reizvolle wachsüberzogene Blüten.

Begoniaceae: Da manche von ihnen zu Sukkulenz neigen, haben die *Begonia* oft dicke Triebe. Besonders die Vertreter mit unterirdischer Knolle überdauern Dürrezeiten ohne großen Schaden. Ist der Boden hingegen zu naß, faulen sie. Als charakteristisch sukkulenter Typ gilt *Begonia foliosa* mit dicken Sprossen und zahlreichen sukkulenten Blättchen. Sie ist in den tropischen, laubabwerfenden Wäldern Kolumbiens beheimatet und lebt da auf einer dünnen Humusschicht, die aber nie mit Wasser gesättigt ist. In der Trockenzeit braucht sie viel Licht und steht unter blattlosen Bäumen in vollem Sonnenschein, während sie zur Regenzeit auf den Schatten dieser Bäume angewiesen ist. Ihre Kultur ist bei uns alles andere als einfach. Sie benötigt ein Maximum an Licht, wenn bei uns die Tage am kürzesten sind, und ein Maximum an Feuchtigkeit im Sommer, wenn in gemäßigten Klimaten die Luft trocken ist.

Bromeliaceae: Viele Arten dieser Familie sind Epiphyten und vertragen also keine anhaltende Nässe um ihre Wurzeln. Bei den meisten epiphytischen Bromeliaceen ist das Wurzelwerk nur zum Festhalten an der tragenden Pflanze geeignet. Extrem ist in dieser Hinsicht *Tillandsia recurvata,* auch «Tochter der Luft» genannt. Werden ihre Blattrosetten von den Bäumen weggerissen und vom Wind fortgetragen, macht ihr dies nicht viel aus: sie siedeln sich überall wieder an, sogar auf Telefondrähten. Auch *Tillandsia usneoides,* das «Spanische Moos», führt ein außerordentliches Leben. Die Pflanze besteht aus dünnen, verzweigten und mit silbergrauen Schuppen bedeckten Trieben, die an den Ästen der Bäume hängen, ohne Wurzeln zu schlagen. Das benötigte Wasser entziehen sie der Luft.

Die Klassifizierung der *Bromeliaceae* ist schwierig, die Frage «Xerophyte oder sukkulente Pflanze?» häufig schwer oder gar nicht zu beantworten. Manche Klassifikation kann in Frage gestellt werden. So leben viele nicht als Sukkulenten akzeptierte *Bromeliaceae* auf kargen, felsigen Böden, Seite an Seite mit Kakteen. *Dyckia* und *Hechtia* werden beispielsweise als Sukkulenten behandelt und zusammen mit Kakteen gehalten.

Viele *Bromeliaceae* sind gegen Trockenheit äußerst widerstandsfähig. Einige, wie die *Hechtia,* werden zusammen mit Sukkulenten gehalten.

Cactaceae: Spricht man von Sukkulenten, verbindet sich damit unweigerlich der Gedanke an den «Kaktus», der als deren Prototyp angesehen wird. Die außerordentlich große Familie der *Cactaceae* (Kakteen) zählt mehr als hundert Gattungen mit über 1500 Arten. Man unterscheidet hier Unterfamilien, Tribus (Stämme) und Subtribus (Unterstämme). Trotzdem gestaltet sich die Zuordnung zur richtigen Art recht kompliziert, da es eine Menge Übergänge und Standortformen gibt. Praktisch alle Kakteen sind amerikanischen Ursprungs, und alle – von welcher Gestalt auch immer – haben kleine behaarte Kissen, die Areolen, denen jede Neubildung entspringt (Blätter, Dornen, Blüten, Verzweigungen). Die Blüten sind ungestielt, weisen aber manchmal einen langen röhrenförmigen Kelch auf, der außen auch schuppig und bedornt sein kann. Der Blütengrund birgt die Samenanlagen, und ihm entspringen der Stempel sowie die Staub- und Blütenblätter. Blüht der Kaktus am Tag, so sind die Blütenblätter meist von auffälliger Farbe; blüht er

in der Nacht, so sind sie weiß und verströmen einen starken Duft. Die Kakteenfrucht ist eine Beere. Die *Cactaceae* werden in die drei Unterfamilien *Pereskioideae, Opuntioideae* und *Cactoideae* gegliedert. Die *Cactoideae* wiederum sind in zwei Tribus mit je drei Subtribus aufgeteilt.

UNTERFAMILIE PERESKIOIDEAE: Sie enthält neben der Gattung *Pereskia* noch einige kleinere, unbedeutendere. *Pereskioideae* können baumförmig bis lianenartig sein. Nur am Vorhandensein von Areolen und am Blütenbau erkennt man sie als *Cactaceae.* Die Arten dieser Unterfamilie haben kleine Glochiden und schwarze Samen ohne Samenmantel.

UNTERFAMILIE OPUNTIOIDEAE: Am bekanntesten ist hier die Gattung *Opuntia.* Opuntien können noch blattähnliche Gebilde haben, die später durch Dornen ersetzt werden, wenn sie abfallen. Die Areolen sind mit Glochiden, das heißt harpunenartig gezackten Stacheln bestückt, und die Samen haben einen blassen, harten Samenmantel oder Flügel. Opuntien können sehr verschieden sein. Es gibt:

- Pflanzen mit langen, verzweigten, zylindrischen Sprossen *(Cylindropuntia),* zum Beispiel *Opuntia cylindrica.*
- Pflanzen mit verzweigten, kurz gegliederten, zylindrischen oder rundlichen Sprossen *(Clavatopuntia).* Ihre Größe ist variabel. Es gibt kleine Vertreter wie *Opuntia diademata* und große wie *Opuntia recondita, O. bigelovii* oder *O. tunicata.* Unter den letzteren befinden sich Arten, die in den Südstaaten der USA und in Mexiko zusammen gemeinhin «chollas» genannt werden.
- Pflanzen mit stark abgeplatteten Sproßgliedern in variabler Größe. *Opuntia microdasys* ist klein, ohne Dornen, hat aber mit Glochiden besetzte Areolen; *Opuntia engelmannii* ist wohl die verbreitetste in Nordamerika; *Opuntia ficus-indica,* der Feigenkaktus, ist im Mittelmeergebiet heimisch geworden. Diese Pflanzen führen auch lokale Bezeichnungen, unter denen «Nopal» und «Tuna» die häufigsten sind. Die Opuntien sind robuste Pflanzen, die sich überall dort angesiedelt haben, wo es das Klima einigermaßen erlaubt.

UNTERFAMILIE CACTOIDEAE: Die umfangreichste Gruppe. Die Blätter sind zu Dornen umgewandelt, die Areolen ohne Glochiden, manchmal auch gänzlich dornenlos. Der Formenreichtum ist riesengroß. Die schwarzen oder braunen Samen haben keinen Samenmantel.
Tribus 1 Cereae: Die Körper sind kugelförmig bis zylindrisch. Sie können verzweigt sein, Polster bilden und haben vorstehende Rippen. Ihr Wuchs ist fast immer aufrecht. Die Dornen und Blüten wachsen aus denselben Areolen. Bei *Carnegiea gigantea* (Subtribus *Cereinae)* erreicht der Stamm eine Höhe von zwanzig Metern, und er ist so dick, daß er sich als Sarkophag verwenden läßt. Dies haben Völkerkundler bewiesen. Sie entdeckten, daß ein ausgewanderter indianischer Stamm seine unterwegs verstorbenen Angehörigen im Inneren dieser Kolosse bestattete, um sie vor den Aasgeiern zu retten. Sie schnitten den Sproß ab und höhlten ihn so weit aus, bis der Tote darin Platz fand. Dann setzten sie den abgeschnittenen Teil mit dem Toten darin wieder auf die Unterlage, die mit dem oberen Teil wieder verwuchs. So konservierten sich die Toten und wurden als Mumien wiedergefunden. *Cephalocereus senilis* (Subtribus *Cereinae),* «Greisenhaupt» genannt, und *Espostoa lanata* (Subtribus *Echinopsidinae)* sind mit einer weißen Behaarung bedeckt. *Heliocereus speciosus* (Subtribus *Hylocereinae)* hat eher dünne, vierkantige, verzweigte Sprosse und auffällig gefärbte Blüten. Die meisten baumförmigen und strauchigen Sukkulenten gehören hierher. Wegen

Oben: *Opuntia recondita* ist das klassische Beispiel für eine Kaktee, die kurze zylindrische Zweige hat und dicht mit Dornen bewaffnet ist.

Gegenüberliegende Seite links: Die *Carnegiea gigantea* ist der eindrücklichste Vertreter der typischen Säulenformen des Tribus *Cereae.*

Gegenüberliegende Seite rechts: Oben *Opuntia* mit «Schaufeln» oder Flachsprossen, die es in den verschiedensten Arten und Größen gibt. Unten *Borzicactus* mit dünnen und zylindrischen Sprossen sowie seitlich vorstehenden, sehr charakteristischen Blüten.

Links: *Echinocactus grusonii* ist eine der bekanntesten Kakteen. Wegen des sehr bescheidenen Wuchses kommt man aber selten dazu, die kleinen, kranzförmig um den Scheitel angeordneten Blüten zu sehen.

Unten: *Epiphyllum hybr.*, auch *Phyllocactus hybr.* genannt.

ihrer Vielfältigkeit wurde diese Tribus in die drei Subtribus *Cereinae, Echinopsidinae* und *Hylocereinae* unterteilt.

Subtribus 1 Cereinae: Die Sprosse sind meist säulenförmig oder zylindrisch mit vielen Rippen, die Areolen bedornt. Die Dornen sind manchmal ganz abgeflacht, und die Blüten stehen seitlich. Die hierher gehörigen *Carnegiea gigantea* und *Cephalocereus senilis* wurden schon erwähnt. Die Blütenröhre von *Echinocereus* ist immer bedornt, oft auch dicht behaart; die Blüten sind groß und wunderschön, die Früchte fleischig. Das Verbreitungsgebiet dieser Gattung erstreckt sich über das ganze südliche Nordamerika und reicht von Utah und Texas bis zum Pazifik und im Süden bis über Mexiko-City hinaus. Die in Höhenlagen wachsenden Arten ertragen beinahe Frost, die in Mexiko bedürfen dagegen großer Wärme. Alle wachsen auf trockenen Böden unter sengender Sonne. Weitere Gattungen sind *Cereus, Echinocereus, Lemaireocereus, Myrtillocactus, Pachycereus* u.a.m. Ihre Widerstandsfähigkeit richtet sich nach der Höhe des Standortes.

Subtribus 2 Echinopsidinae: Auch hier ist die Wuchsform säulenartig bis kugelförmig. Die Blütenröhre von *Echinopsis* zum Beispiel ist beschuppt. *Echinopsis multiplex* und *Lobivia aurea* sind sehr blütenreich, es gibt aber auch Gattungen mit eintägiger Blüte. Gattungen, bei denen die Blüte mehrere Tage dauert, sind die bereits genannte *Espostoa,* zudem *Borzicactus, Cleistocactus, Haageocereus, Oroya, Rebutia* u.a.m., die auch Anfängern empfohlen werden können.

Subtribus 3 Hylocereinae: Sie haben lianenartige Triebe, die Luftwurzeln aussenden. Die Blüten entspringen auch hier lateral, und manche bilden eine lange Röhre. Viele Kakteen dieses Unterstamms blühen nachts, so die berühmte «Königin der Nacht», *Selenicereus grandiflorus.* In diesem Namen steckt das griechische Wort *seléne,* der Mond. Selene war auch der Name der griechischen Mondgöttin, die eine Schwester des Sonnengottes Helios war. Weit verbreitet und einfach zu halten ist *Aporocactus flagelliformis* mit Hängesprossen und leuchtend roten Blüten, der sogenannte Schlangen-, Peitschen- oder Rattenschwanzkaktus. Am stärksten verbreitet ist die Gattung *Epiphyllum,* die auch als *Phyllocactus* bekannt ist. Sie hat große, wunderbare Blüten, und von ihr existieren nicht zuletzt deswegen in Amerika und bei uns viele Kulturformen. Empfindlicher sind *Zygocactus* und *Schlumbergera* (Rowley rechnet *Zygocactus* zur Gattung *Schlumbergera),* die aufgrund ihrer Blütezeit als Oster- bzw. Weihnachtskaktus bezeichnet werden. Beide stammen aus Brasilien und treten auch in zahlreichen Kreuzungen auf, so daß die wirklichen botanischen Arten heute selten geworden sind. Zu dieser Subtribus gehören außerdem die Gattungen *Heliocereus, Hylocereus, Rhipsalis* u.a.m. Vor allem *Rhipsalis* ist einfach zu halten. Finden sie einen nicht zu nassen Humusboden, kein grelles Licht und während der Vegetationspause eine etwas niedrigere Temperatur, so gedeihen und blühen sie in jeder Wohnung.

Tribus 2 Cacteae: Es handelt sich um mehr oder weniger zwergwüchsige Pflanzen aus Südamerika mit meist vielrippigen, nicht gegliederten Stämmen. Die Blüten treten aus jungen Areolen hervor. Glochiden sind nicht vorhanden. Die Samen sind wie bei der Tribus 1 *Cereae* schwarz oder braun und haben keinen Samenmantel. Blüten und Früchte sind behaart oder bedornt.

Subtribus 4 Neoporteriinae: Die Gattung *Neoporteria* umfaßt gegen siebzig Arten aus Chile und Südperu. Die Färbung des kugeligen Pflanzenkörpers reicht von Grün bis Schwarzpurpurn. Neoporterien sind bei Sammlern sehr beliebt, da sie sehr attraktiv aussehen und leicht zu halten sind. Die wohl schönste Art ist *Neoporteria nidus* mit verwachsenen, spiralförmigen, borstenähnlichen Dornen in verschiedenen Farbtönungen: von Weiß über Braun und leuchtendes Gelb bis

Schwarz. Die *Neoporteria*-Blüten öffnen sich nur halb. Die *Notocactus*-Arten kommen in Brasilien, Uruguay, Paraguay und Argentinien vor. Die meist großen, gelben Blüten wachsen scheitelnah. Diese Subtribus enthält auch die Gattungen *Austrocactus, Blossfeldia, Parodia* u.a.

Subtribus 5 Melocactinae: Dieser kleine Unterstamm, der nur aus den Gattungen *Discocactus* und *Melocactus* besteht, umfaßt Pflanzen mit kugeliger oder halbzylindrischer Gestalt aus Mittel- und Südamerika. Die Rippen stehen stark hervor, und aus den Areolen stechen dicke Dornen. Die Blüten entspringen dem Scheitel, dessen oberster Teil einen wolligen Schopf bildet. Der charakteristischste Vertreter ist der seltene *Melocactus,* der schwierig zu halten ist.

Subtribus 6 Cactinae: Diese Kakteen stammen aus Nord-, Mittel- und Südamerika. Sie sind meist von rundlicher, aber recht variabler Gestalt und entwickeln keinen Schopf. Einige Exemplare sind unbedornt. Die Gattung *Echinocactus* verdient ihre Bezeichnung zu Recht. Echínos heißt auf griechisch Igel, und besonders der bekannte *Echinocactus grusonii* weckt die Erinnerung an einen Igel oder eine goldene Kugel (daher «Goldkugelkaktus»). Im Volksmund hat er den eher bösartigen Namen «Schwiegermuttersessel». Geradezu furchterregend sieht *Ferocactus* aus, dessen vorstehende, oft gewellte Rippen mit wilden Dornen bewehrt sind. Klein, zierlich und einfach zu halten sind *Astrophytum* und *Gymnocalycium.*

Unten links: Die *Lobivia* sind kleine, buschige und blütenreiche Kakteen, die aus Südamerika stammen und die man von Bolivien bis Argentinien antrifft, selbst auf beachtlicher Höhe in den Anden.

Unten Mitte: Alle *Mammillaria* bilden einen Blütenkranz um den Scheitel, wobei die Blüten in den Warzenachseln stehen. Besonders attraktiv ist *Mammillaria perbella* mit ihren kleinen violetten Blüten zwischen den weißen Dornen.

Unten rechts: Die *Cactaceae* (Kakteen) weisen manchmal die absonderlichsten Formen auf, die durch die Abplattung und Verdrehung des Sprosses zustandekommen. Diese «gekammt» oder «cristat» genannten Formen sind empfindlicher als die anderen und werden oft gepfropft.

Selten und schwierig zu finden sind *Ariocarpus* und die kleine, meskalinhaltige *Lophophora,* der heilige Peyotl der Indios. Zu den kugeligen und mit länglichen Warzen bestückten Gattungen gehören die *Coryphantha, Dolichothele* (nach Rowley zu den *Mammillaria* gehörig) und *Mammillaria.* Alle weisen zwei Besonderheiten auf. Erstens haben diese Pflanzen geteilte Areolen. Ein Teil sitzt an der Spitze der Warze und bringt nur Dornen hervor. Der andere liegt am Grund der Warze, wo diese dem Sproß entspringt. Dieser zweite Areolenteil – Axille genannt – ist der Ursprung von Blüte und Seitensprosse. Die Blüten erscheinen immer in einem Kranz am Scheitel des Sprosses und bringen je nach Art lange, dünne oder kugelige Früchte hervor. Die zweite Besonderheit stellt der Milchsaft bei einigen Vertretern dieser Gruppe dar. Von ihrem Bau her lassen sich die *Mammillaria* in drei Gruppen unterteilen:

- Pflanzen mit kugeligem Körper, der allmählich zylindrisch wird. Die abgeflachten Warzen sind spiralförmig am Sproß angeordnet, und die Areolen sind dicht mit Dornen besetzt. Die Sproßoberfläche ist mit einem Haarfilz beinahe ganz bedeckt. Einige wie *Mammillaria plumosa* sind selten und sehr empfindlich. Um sie halten zu können, werden sie auf eine widerstandsfähigere Unterlage gepfropft. Andere wiederum wie *Mammillaria bocasana* sind sehr robust und blütenreich. Sie ertragen Sommerhitze gut, sind aber empfindlich gegen Kälte.

- Pflanzen mit zuerst kugeligem, dann zylindrischem Sproß und konischen Warzen. Die obere, an der Warzenspitze sitzende Areole ist nur leicht mit kurzen Dornen versehen, die am Warzengrund sitzende erscheint wie ein haariges Kissen. *Mammillaria sempervivi* und *Mammillaria compressa* sind kennzeichnend für diesen Typ, der in den heißen Monaten die Sonne schlecht verträgt, hauptsächlich wenn er im Blumentopf gehalten wird.
- Zwergbuschförmige oder verzweigte Pflanzen mit eher dünnen, zylindrischen Sprossen, fast ganz von kurzen Dornen bedeckt, die den flachen Areolen seitlich entspringen. *Mammillaria fragilis* ist zusammen mit *Mammillaria elongata* eine der bekanntesten.

Weitere Gattungen dieser Subtribus sind *Aztekium, Echinofossulocactus, Epitelantha, Leuchtenbergia, Pediocactus, Pelecyphora, Thelocactus* u.a.
Es ist noch daran zu erinnern, daß es innerhalb der Familie der Kakteen auch cristate Formen mit abgeplattetem oder verdrehtem kammartigem Sproß gibt. Sie sind eher wunderlich als schön, werden aber von Liebhabern eifrig gesammelt.

Commelinaceae: Viele Leute kennen die Gattung *Tradescantia,* die auch sukkulente Arten aufweist: *Tradescantia navicularis* und *Tradescantia sillamontana.* Die erstere hat fleischige, eng gebogene Blättchen mit durchsichtiger Epidermis, während letztere von einem dichten weißen Haarfilz bedeckt ist. Vom gleichen Typ ist *Cyanotis somaliensis.* Die *Cyanotis* sind ebenfalls behaart und bringen kleine, wunderschöne Blüten hervor. Sie halten sich nur einen Tag, wie die aller Angehörigen dieser Familie. Alle sind äußerst einfach zu halten, benötigen aber genügend Licht. Die beiden *Tradescantia* treiben im Frühling auf jeden Fall wieder aus, selbst wenn die oberirdischen Teile der Kälte wegen zugrunde gegangen sind.

Compositae: Margeriten, Dahlien und Chrysanthemen haben unter den Sukkulenten enge Verwandte. Die Familie der *Compositae* oder Korbblütler ist sehr hochentwickelt und wird in dieser Hinsicht nur von den Orchideen übertroffen. Ihr Artenreichtum ist jedoch einzig: 24 000 Arten machen sie zur größten Familie. Natürlich ist eine derart große Familie botanisch in zahlreiche Gattungen und Untergattungen gegliedert. Die wenigen sukkulenten Vertreter sind aber vorwiegend in einer einzigen Gattung zu finden: *Senecio.* Auch diese eine Gattung ist indes sehr vielgestaltig und weist stamm- und blattsukkulente Vertreter auf. Ein Teil der fleischigen Arten war allerdings einst der Gattung *Kleinia* (benannt nach dem Botaniker J. Th. Klein) zugeteilt, und deshalb führen viele einen Zweitnamen, der in der Gärtnersprache noch geläufig ist. Manche *Senecio* weisen efeuartige

Links: Die seltsame Gestalt von *Senecio serpens.*

Rechts: Unter den xerophytischen *Compositae* (Korbblütlern) findet sich eine wahre Seltenheit: das «Silberschwert der Sandwichinseln», das auf Hawaii in mehr als 3000 Meter Höhe an den Abhängen des Mauna Loa auf vulkanischer Asche lebt.

Blätter auf; andere wie *Senecio radicans* haben rundliche Blätter an dünnen gestreiften Sprossen. Bei wieder anderen wie *Senecio scaposus* formen die zylindrischen Blätter eine Rosette oder sitzen wie bei *Senecio serpens* an einem kriechenden Sproß. Schließlich begegnet man auch blattlosen, beschuppten Sprossen, die sich unterirdisch verzweigen, so bei *Senecio stapeliaeformis.* Diese Art hat wie auch *Senecio articulatus* und *S. anteuphorbium* sehr dicke und starke Wurzeln, die nicht selten die Blumentöpfe sprengen. Erwähnt sei auch die in England und Mitteleuropa verbreitete Gattung *Othonna.* Xerophyt und ganz selten in Kultur genommen ist die Art *Argyroxiphium sandwichense,* in der Literatur «Silberschwert der Sandwichinseln» genannt. Diese Pflanze wächst auf der Asche des Vulkans Mauna Loa auf Hawaii. Sie hat silberfarbene Rosetten aus aufrechten Blättern, und über den Rosetten thront ein mächtiger Blütenstand aus roten geneigten Blüten.

Crassulaceae: Die *Crassulaceae* oder Dickblattgewächse sind fast ausschließlich Sukkulenten und als solche immer Blattsukkulenten. Mehr als der Formenreichtum erstaunt die Verschiedenartigkeit der Lebensräume. Viele dieser Pflanzen befolgen einen Grundbauplan: die Blätter sind meist in einer Rosette angeordnet. Verlangt die Anpassung an die Umwelt eine Abweichung, so läßt sich bei genauer Prüfung doch eine Verwandtschaft zum besagten Grundbauplan feststellen. Die Blattrosetten von *Sempervivum, Echeveria* und *Aeonium* sind klar ersichtlich; betrachtet man aber die fleischigen, zylindrischen Blätter vieler *Sedum* und die abgeplatteten, sogar runden gewisser *Crassula,* erkennt man den Grundbauplan erst an den Sproßenden, wo die sonst in mäßigem Abstand angeordneten Blätter eng zusammengerückt sind. Obgleich die Familie relativ wenige Gattungen hat, ist sie reich an Arten, die beinahe jeden Winkel der Erde besiedeln. *Sempervivum* begegnet man in den Bergen Asiens, Europas und selbst Afrikas, doch ist das Verbreitungsgebiet der *Sedum* noch gewaltiger. Es reicht von Japan und China über den Kaukasus nach Europa und Nordafrika und zieht sich vom Osten Nordamerikas weiter bis nach Mexiko. Diese Pflanzen wachsen in Lagen, die vom Frost heimgesucht werden, auf den Felsen und Mauern der gemäßigten Zonen und an trockenen, besonnten Stellen. Die am meisten kultivierten Arten sind jene der Subtropen, da es bedeutend einfacher ist, warme und trockene Bedingungen zu schaffen als kalte. *Sedum adolphi, S. pachyphyllum, S. rubrotinctum* und *S. treleasei* sind die häufigsten Arten. Sehr viel Sonne verlangen die mexikanischen *Echeveria.*

Die Anordnung der Blätter in einer Rosette ist kennzeichnend für die *Crassulaceae* (Dickblattgewächse). Klassische Beispiele bieten *Echeveria* (oben) und *Sempervivum* (unten rechts) dar.

Unten links: Die zylindrischen Blätter der *Sedum*-Arten variieren in Form und Größe. Einige Arten haben fast flache, aber dennoch sehr fleischige Blätter.

Die afrikanischen *Crassula* entwickeln die verschiedenartigsten Formen – von den eher derben, strauchigen *Crassula arborescens* und *Crassula argentea* bis zu den stark fleischigen oder empfindlichen, die im Gewächshaus gehalten werden müssen, beispielsweise *Crassula teres* und *Crassula corallina.* Weiter sind da noch die *Kalanchoe,* die aus Afrika stammen und zum Teil in Madagaskar endemisch sind.

Cucurbitaceae: Alle Angehörigen der Familie der Gurkengewächse sind kriechend oder kletternd, und die wenigen sukkulenten Gattungen machen da keine Ausnahme. Obwohl die *Acanthosicyos* der afrikanischen Wüsten ansehnliche strauchförmige Xerophyten mit geschätzten eßbaren Früchten sind, befinden sich nur einige Arten der kletternden Gattung *Xerosicyos* in Kultur. Diese nur auf Madagaskar vorkommenden Pflanzen sind unbedornt, haben fleischige Blätter und klettern mittels Ranken.

Didiereaceae: Diese noch junge Familie wurde erst in der zweiten Hälfte des 19. Jahrhunderts von Henri Ernest Baillon (1827–1895), dem Direktor des Jardin des

Oben: Auch die Familie der *Cucurbitaceae* (Gurkengewächse) hat ihre sukkulenten Vertreter, aber unter denen in Kultur befinden sich nur einige Arten von *Xerosicyos.*

Rechts: Die *Didiereaceae* kommen nur auf Madagaskar vor, und ihre Gestalt variiert vom Strauch bis zum Baum. Die *Alluaudia comosa* im Bild kann sechs Meter Höhe erreichen, hat spitze lange Dornen und sukkulente Blättchen.

Links: Heute werden sie *Dioscorea* genannt, doch ist der ebenfalls gebräuchliche Name *Testudinaria* viel treffender. Diese Pflanzen haben nämlich einen niedrigen verholzten Stamm, der tatsächlich einem Schildkrötenpanzer ähnlich ist.

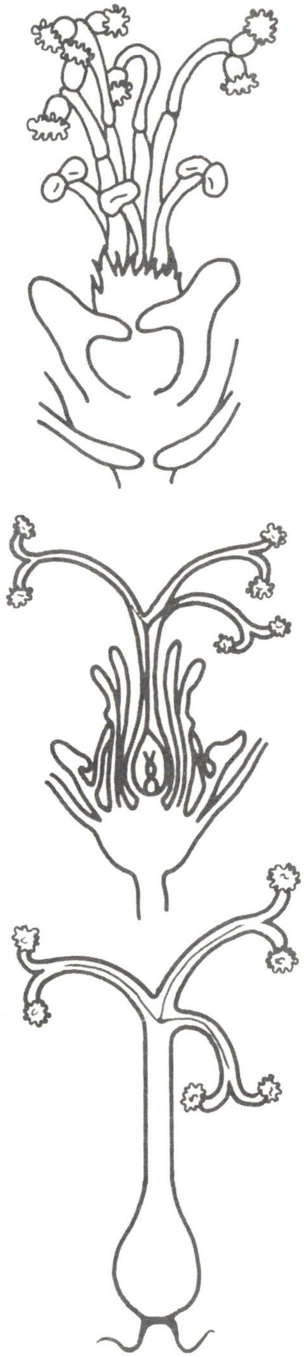

Plantes in Paris, geschaffen. Die seltsamen Pflanzen dieser Familie sind wenig bekannt. Es sind alles Sträucher aus Madagaskar, die aber auch Baumform mit sukkulentem Stamm erreichen können. Sie sind verzweigt und mit Dornen versehen. Die hauptsächlichsten Gattungen sind *Alluaudia, Decaryia* und *Didierea.* Die Kultur gestaltet sich ähnlich derjenigen von *Pachypodium,* gehalten werden sie aber nur in botanischen Gärten und in großen privaten Sammlungen.

Dioscoreaceae: Die Familie besteht fast ausschließlich aus der Gattung *Dioscorea* mit über zweihundert Arten. *Dioscorea* sind sich windende Stauden mit charakteristisch herzförmigen, wechselständigen Blättern und eingeschlechtigen, in lockeren Trauben angeordneten Blüten. Viele werden als Zierpflanzen gehalten, andere mit Sproß- oder Wurzelknollen dienen als Nahrung. Ihre Knollen, Igname oder Yam, sind stärkehaltig. Die Gattung umfaßt auch Arten der *Testudinaria.* Dieser noch allgemein in Gebrauch stehende Name deutet auf das seltsame Aussehen dieser Pflanzen hin. Die unterste Knolle ist zum Stamm ausgewachsen, dessen verkorkter Außenteil von Rissen durchfurcht ist und an einen Schildkrötenpanzer erinnert. Drei Arten sind afrikanisch, eine vierte mexikanisch. Die bekannteste ist zweifellos *Dioscorea* (oder *Testudinaria) elephantipes,* der «Elefantenfuß» aus Südafrika. Das Innere seines Stammes, der einen Durchmesser von einem Meter erreichen kann, wird von den Eingeborenen in Stücke geschnitten, gebraten und verzehrt. Daher auch der Name «Hottentottenbrot». Aus der Mitte des Stammes entwickeln sich während der Vegetationsperiode windende Seitentriebe mit kleinen grünen, herzförmigen Blättern und unscheinbaren traubigen Blütenständen von gelblichgrüner Farbe. Ihnen folgen Früchte mit dreieckiger Kapsel. In der Vegetationspau-

se besteht die Pflanze nur noch aus einem Stamm, auf dem die Stummeln der alten Zweige sitzen. Sie wird selten kultiviert, da sie nur durch Samen zu vermehren ist.

Euphorbiaceae: Die Familie der Euphorbiaceen oder Wolfsmilchgewächse enthält über fünftausend Arten, von denen zweitausend allein der Gattung *Euphorbia* angehören. Für uns sind lediglich die *Jatropheae* (Tribus 3 nach Rowley) und *Euphorbieae* (Tribus 8) von Bedeutung, da vorwiegend sie die uns interessierende Sukkulenz aufweisen. Zwar sind die Blütenstände nicht für die ganze Familie typisch, aber die sukkulenten Pflanzen haben alle charakteristische Blütenstände. In ihnen umgeben zahlreiche männliche Blüten mit je einem Staubblatt eine nackte, gestielte weibliche Blüte. Dieser Blütenstand ist üblicherweise von Deck-

blättern begleitet. Weiter weisen die meisten Arten milchsaftführende Gefäße auf, deren Inhalt bei der geringsten Verletzung ausfließt. Oft ist dies für den Nichtfachmann das einzige Merkmal, um sie von den Kakteen unterscheiden zu können. Die Tribus *Euphorbieae* ist selbst so verschiedenartig, daß eine praktische Unterteilung von Nutzen ist:

- Blattlose oder laubabwerfende Pflanzen mit kerzenförmigem und dornigem Hauptsproß und Verzweigungen, die dem Hauptsproß ähnlich oder abgeplattet sind. Dazu gehören die strauch- oder baumartigen «Kandelabereuphorbien», nämlich *Euphorbia abyssinica, Euphorbia canariensis* und die cereusähnliche *Euphorbia ramipressa.*
- Strauchige Pflanzen mit teilweise verholzten Sprossen, Dornen, teilweise immergrünen Blättern und auffälligen Brakteen. *Euphorbia milii (splendens),* der Christusdorn, ist ein solcher Vertreter.
- Laubabwerfende oder mit teilweise immergrünen Blättern ausgestattete Pflanzen mit sukkulenten zylindrischen und unbedornten Sprossen. Typisch ist *Euphorbia tirucalli* oder mit abgeplattetem Sproß *Euphorbia alata.*
- Niedrige Pflanzen mit knolligen, sowohl ausladenden als auch kriechenden Verzweigungen wie *Euphorbia pugniformis* oder mit aufrechten Verzweigungen wie *Euphorbia suzannae.* In dieser Gruppe kann sich die Gestalt von Art zu Art stark ändern.
- Pflanzen mit kugeligem, dornenlosem Sproß. *Euphorbia meloformis* und *Euphorbia obesa* sind von diesem Typ.

Alle *Euphorbia* lieben viel Sonne, aber die meisten scheuen auch die Kälte. So sind auch in der Vegetationspause im Winter wenigstens 10 bis 15 Grad Celsius nötig.

Oben links: Die Formen der Euphorbien sind sehr zahlreich. Unter jenen, die Säulenkakteen gleichen, ist *Euphorbia franckiana* nur eine von vielen.

Oben rechts: *Euphorbia meloformis* ist eine seltene und zarte Pflanze, die man auf den ersten Blick nicht dieser Familie zuordnen würde.

Linke gegenüberliegende Seite, rechts: Bei den Scheinblütenständen der *Euphorbia,* Cyathien genannt, gibt es drei Typen: den mit nur männlichen Blüten (oben), den mit zweigeschlechtlichen Blüten (Mitte) und jenen mit nur weiblichen Blüten (unten). Beim ersteren haben die Staubblätter zwei Staubbeutel am Ende des Staubfadens. Die Staubblätter sind von einer Umhüllung eingeschlossen, an deren Grund Hochblätter stehen. Bei den Zwitterblüten stehen die Staubblätter um den Stempel, der sich vom Fruchtknoten in die Höhe streckt und sich in drei zweigeteilte Griffel teilt. Hier stehen die Hochblätter unterhalb der Hülle. Bei den weiblichen Cyathien besteht die nackte weibliche Blüte aus dem Stempel, der unten am Fruchtknoten angeschwollen ist und oben drei zweigeteilte Griffel aufweist.

Die Gattungen *Monadenium, Pedilanthus* und *Synadenium* gehören ebenfalls der *Tribus Euphorbieae* an und sind im allgemeinen wenig verbreitet, obwohl einige sehr reizend und einfach zu halten sind.

Fouquieriaceae: Die Familie besteht nur aus der Gattung *Fouquieria,* mit acht Arten: ihr ist auch *Idria columnaris* zugeteilt worden. Dieser seltsame Baum, der nun *Fouquieria columnaris* heißt, stammt aus Niederkalifornien und stellt eine regelrechte Kuriosität dar. In den Wüsten der südlichen USA streckt der «Ocotillastrauch», *Fouquiera splendens,* seine rauhen, gräulichen Sprosse bis zu drei Meter in die Höhe. In der Trockenzeit erscheinen sie wie Skelette, aber kaum erlaubt es die Feuchtigkeit, treiben aus den Achseln der Nebenblätter, die hier zu langen Dornen geworden sind, kleine fleischige, ovale Blätter, die sich zu Büscheln

Links: Die Fouquierien scheinen aus einer fremden Welt zu stammen. Einige Arten, darunter *Fouquieria purpusii* (unten), bringen leuchtende rote Blüten von leider nur kurzer Dauer hervor.

vereinigen, und an der Spitze der Äste bilden sich Trauben auffälliger roter, glockenförmiger Blüten. In ihrer Heimat als Heckenpflanze gehalten, wird sie sonst nirgends kultiviert.

Geraniaceae: Die Familie hat zur Hauptsache drei Gattungen, deren augenfällige Verwandtschaft durch die Namen ausgedrückt wird. Diese nehmen Bezug auf die Form der Früchte, die langen Vogelschnäbeln gleichen. Die Ausdrücke leiten sich vom Griechischen ab, wobei *Erodium* der Reiherschnabel bedeutet, *Geranium* der Kranichschnabel und *Pelargonium* der Storchenschnabel. Mit *Geranium* bezeichneten bereits die Griechen und Römer die einheimischen Arten des Mittelmeergebietes. Als zu Beginn des 18. Jahrhunderts südafrikanische Arten, die den einheimischen glichen, in Europa eingeführt wurden, übernahm man einfach den Na-

Bei den sukkulenten Arten verraten vielfach nur die Blüten die Zugehörigkeiten zu den Pelargonien. Rechts die Blüten von *Pelargonium echinatum,* unten diejenigen einer der zahllosen Hybriden von *Pelargonium zonale,* des Geraniums unserer Fensterbänke.

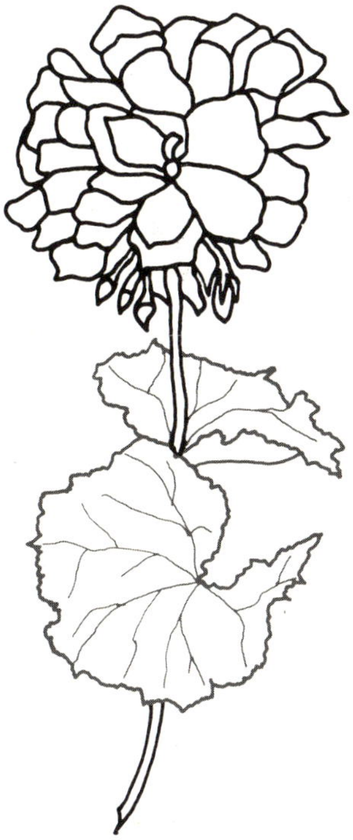

men. In der zweiten Hälfte des Jahrhunderts aber schuf L'Héritier aufgrund botanischer Unterscheidungsmerkmale die drei verwandten Gattungen. Da Gewohnheiten nur langsam aussterben, nennt man die Pelargonien heute noch Geranien. Die Heimat der Pelargonien ist Südafrika, und es erstaunt nicht, wenn sich sukkulente Arten darunter befinden. Es handelt sich um laubabwerfende Pflanzen mit teilweise verholztem Sproß, die im Gegensatz zu anderen Pflanzen die Folge der Jahreszeiten ihrer Heimat beibehalten haben. So haben sie ihre Ruhezeit bei uns im Sommer und blühen im Winter. *Pelargonium echinatum* hat am Sproß weiche Dornen, behaarte Blätter und weiße Blüten mit einem purpurnen Fleck auf den oberen Kronblättern, während *Pelargonium carnosum* dicke, verdrehte Sprosse aufweist. Alle diese Arten sind im Handel sehr schwierig zu erhalten.

Liliaceae: Die am weitesten verbreitete sukkulente Gattung der Familie der Liliengewächse ist *Aloe,* und die eindrückliche Zahl ihrer Arten wird noch durch die vielen Hybriden erhöht. Die Vermehrung durch Samen ergibt selten reine Nachkommen der Elternpflanzen. Um solche zu erhalten, bleibt nur die Vermehrung durch Ausläufer oder Stecklinge. Man schneidet mit Vorteil die Sproßspitze ab und bewurzelt sie; der verbliebene untere Sproßteil bildet meistens Ableger. Die Aloe wird vielfach mit der *Agave* verwechselt, obwohl sich einige augenscheinliche Unterschiede finden. Die Blütenstände der Aloe entspringen den Blattachseln, diejenigen der Agaven dem Sproßende. Den Aloen fehlen die langen Dornen an den Blattspitzen, und ihre Dornen sind allgemein weicher. Die jungen, innersten Blätter stehen bereits aufrecht, während sie bei den Agaven noch eingerollt sind.
Die Aloen haben fast immer fleischige Blätter, die in der Jugend gegenständig auf einer Geraden angeordnet sind. Im Laufe des Wachstums wechseln sie, von einigen Ausnahmen abgesehen, ihre Stellung und ordnen sich spiralig zu einer Rosette an. Die einzige Ausnahme, die kultiviert wird, ist *Aloe plicatilis,* ein Bäumchen bis zu zwei Metern Höhe und mit Blättern bis zu dreißig Zentimetern Länge. Viele Aloen können in milden Klimaten im Freien gehalten werden und sich da auch beheimaten. So finden wir Aloen, obwohl sie afrikanischen Ursprungs sind – *Aloe vera* gibt es auch auf den Kanarischen Inseln –, im ganzen Mittelmeergebiet, im Osten der USA, dann besonders in Kalifornien und überhaupt überall dort, wo es das Klima erlaubt. Die Blütezeit der meisten ist im Winter und im Frühling. Die zu Blütenständen vereinigten röhrenförmigen Blüten sind rot, orange oder gelb.
Die verbreitetsten Arten sind *Aloe arborescens, Aloe mitriformis, Aloe nobilis* und die gesprenkelte, sich stark vermehrende *Aloe saponaria.* Sie wurde mit *Aloe striata* gekreuzt, da sie – im Gegensatz zu *Aloe striata* – selten Ausläufer bildet und von ihr deshalb zahllose Formen existieren. Unter den sehr buschigen Zwergarten befinden sich *Aloe brevifolia, Aloe echinata* und *Aloe jucunda. Aloe ferox* und *Aloe marlothii* sind beide groß, stark bedornt und robust, und beide bilden keine Ausläufer. *Aloe variegata* vermehrt sich dagegen sowohl durch Ableger als auch durch Ausläufer. Es ist eine zierliche Pflanze mit dreieckigen, gebogenen Blättern. Sie eignet sich gut als Zimmerpflanze, obwohl sie eher empfindlich ist und leicht von Fäulnis befallen wird. Im großen und ganzen bietet uns diese Gattung viele Arten, die unter verschiedensten Kulturbedingungen gezogen werden können.
Verwandt mit *Aloe* sind die Gattungen *Gasteria, Haworthia* und *Astroloba.* Erstere wurde mit *Aloe* gekreuzt; die Hybride trägt den Namen *X Gastrolea. Gasteria* und *Haworthia* sind Zwergformen mit meist stark gestauchten Blattrosetten. Die *Gasteria* lassen sich sofort an der gegenständigen Blattstellung erkennen, wie sie zum Beispiel bei *Gasteria verrucosa* und *Gasteria maculata* auftritt. Diejenigen *Gasteria* aber, die spiralige Rosetten aufweisen, stiften einige Verwirrung, da zwischen *Gasteria* und *Haworthia* zahlreiche Hybriden existieren. Von den *Haworthia* gibt es zahlreiche Formen. Viele tragen weiße Warzen auf der Unterseite der gekielten Blätter. *Astroloba* ist verblüffend ähnlich und manchmal von den *Haworthia* nicht zu unterscheiden, weshalb sie auch als Untergruppe der *Haworthia* betrachtet wird.
Neben diesen Gattungen gehört zu dieser Familie eine äußerst kuriose Pflanze, die *Bowiea volubilis.* Sie hat eine dicke grüne Knolle, die aus dem Boden ragt und einen dünnen, kletternden Seitentrieb aussendet, der sich blattlos verzweigt.

Gegenüberliegende Seite: Die auffälligen bräunlich-roten Blüten der Aloe (im unteren Teil des Bildes) verschönern die Gärten genügend milder Klimate.

Mesembryanthemaceae: Der entsprechende Text befindet sich aus herausgeberischen Gründen vorn auf den Seiten 28 und 30, und zwar unter der doppelten Familienbezeichnung *Aizoaceae / Mesembryanthemaceae.*

Oxalidaceae: Die Familie des Sauerklees wollen wir nur kurz streifen. Die sukkulenten Arten, die alle aus Südamerika stammen, weisen typische Kleeblätter auf, die von einem fleischigen Sproß getragen werden. Diese Pflanzen haben ihre Vegetationspause im Sommer. Obwohl sie sich nicht in Kultur befinden, seien doch *Oxalis gigantea* und *Oxalis peduncolaris* erwähnt.

Passifloraceae: Die Gattung *Passiflora,* die größte dieser Familie, setzt sich vorwiegend aus kletternden Vertretern zusammen. *Adenia globosa,* eine bizarre Sukkulente aus Tansania, gehört zur Gattung *Adenia.* Sie hat einen dicken, fast kugeligen Sproß, dem dornige Klettertriebe entspringen. Diese haben außer in der

Links außen: Während der Vegetationspause erinnert *Adenia globosa* mit ihrem dicken Stamm und den dornigen Zweigen kaum an die zarten *Passiflora.* Wenn aber die Ranken wieder ergrünen, erscheinen zwischen den dünnen Blättern wohlriechende rote, sternförmige Blüten.

Links: Die wunderschöne Blattstruktur von *Peperomia columella* läßt die Pflanze unter den andern Sukkulenten als eine Miniaturskulptur erscheinen.

Unten: Sukkulent oder nicht – die «mäuseschwanzähnlichen» Blütenstände der *Peperomia* lassen sofort eindeutig die Familie erkennen.

Regenzeit keine Blätter. Bei Niederschlägen erscheinen dünne lanzenförmige Blätter und traubige, wohlriechende rote Blütenstände. Diese Pflanze wird kaum gehalten, ausgenommen in einigen großen Kollektionen. Alle *Adenia*arten sind Stammsukkulenten. Noch seltener sind die anderen Arten, von denen eine auf Madagaskar beheimatet ist.

Peperomiaceae: Zusammen mit der Gattung *Piper,* die uns den Gewürzpfeffer liefert, gehört die Gattung *Peperomia* mit rund tausend Arten zu den Pfefferkrautgewächsen. Die Familie hat insgesamt nur vier Gattungen. Die *Peperomia* zeigen im Sproß, in den Blattstielen und in den Blättern ausgesprochen sukkulente Merkmale. Obschon sie eine mäßige Luftfeuchtigkeit benötigen, sind sie gegen Bodennässe empfindlich. Sie lassen sich mit Leichtigkeit durch Blattstecklinge vermehren. Diese Blattsukkulenten leben in den tropischen Urwäldern Mittel- und Südamerikas auf einer dünnen Humusschicht, unter laubabwerfenden Bäumen oder am Rande von Lichtungen und auf Felsen. Einige sind sogar Epiphyten, was sie befähigt, Trockenperioden und volle Sonnenstrahlung zu überdauern. Obwohl

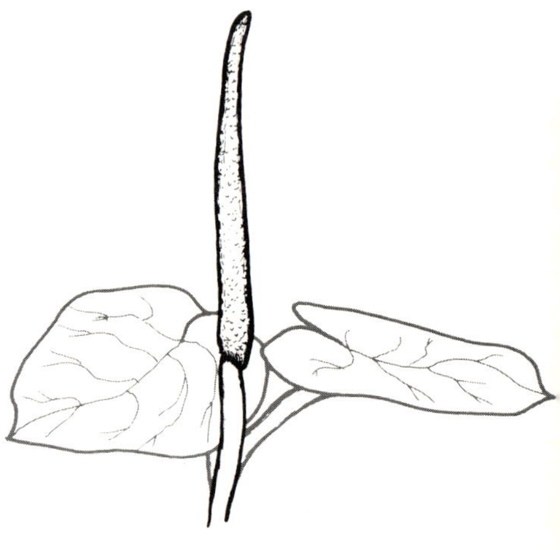

sie die Sonne sonst nicht vertragen, können die folgenden Arten dennoch als echte Sukkulenten angesehen werden: *Peperomia dolabriformis, P. incana, P. nivalis* und *P. prostrata.* Sie sind leider nicht sehr verbreitet, obwohl nur die Haltung der letztgenannten einige Schwierigkeiten bereitet. Es ist eine kleine kriechende Pflanze mit allerdünnsten Trieben und winzigen runden, fleischig-durchsichtigen Blättern. *Peperomia incana* erträgt die Sonne, wenn man sie allmählich daran gewöhnt.

Portulacaceae: Beinahe alle Angehörigen dieser Familie der Portulakgewächse sind Sukkulenten, obwohl nur wenige Gattungen in Kultur sind. *Portulaca* ist wohl die bekannteste, und besonders typisch ist *Portulaca oleracea,* die «Porzellanpflanze» oder «Portulak», die aus Westasien stammt, sich aber mittlerweile in den gemäßigten Zonen Europas angesiedelt hat, wo ihre Blätter den Salaten beigemischt werden. Die erfrischende Wirkung der Pflanze war schon den Griechen und

Auch *Portulaca grandiflora* (rechts) mit ihren lebhaften fröhlichen Blüten, die die sommerlichen Küstengärten am Meer ziert, gehört zu den Sukkulenten, genauso wie ihre schlichte Verwandte, *Portulaca oleracea* (unten), deren diätetische und erfrischende Wirkung schon seit dem Altertum bekannt ist.

Römern bekannt und wurde von Pedanius Dioskorides, Claudius Galenus und Gajus Plinius (dem Älteren) erwähnt. Von den übrigen Arten ist *Portulaca grandiflora,* von der Kulturformen mit gefüllten Blüten existieren, weitverbreitet. Die Blütezeit ist zwar kurz, doch werden die Blüten in verschwenderischer Zahl hervorgebracht. Sie trotzen, in Gärten und Terrassen der Küste angepflanzt, der sengenden Sonnenstrahlung und der salzigen Meeresluft. Die wichtigsten anderen Gattungen sind *Portulacaria* und *Anacampseros.* Zu der ersteren zählt die strauchige *Portulacaria afra,* die drei Meter hoch wird und gedrehte Zweige mit kleinen fleischigen Blättern hat. Da sie aus Südafrika stammt, erträgt sie keinen Frost. *Anacampseros* ist eine Gattung aus kleinen sukkulenten Stauden, aus Südafrika und Australien stammend und von einfacher bis äußerst schwieriger Kultur. Linné

hat aus uns unbekannten Gründen der Gattung einen Namen gegeben, den Plutarch für eine Pflanze verwendete, die zur Herstellung von Liebestränken diente. *Anakampséros* ist zusammengesetzt aus *anakámpto,* «ich bringe zurück», und *éros,* «die Liebe». Die Arten, die man am häufigsten antrifft, sind *Anacampseros filamentosa* und *A. rufescens.* Beide sind Zwergbüsche mit ovalen, zugespitzten fleischigen Blättern, die in einer Rosette angeordnet sind. Die Blüten sind rosa oder violett mit fünf Kronblättern, die nur an der Sonne aufgehen. Sehr selten sind dagegen *Anacampseros albissima* und *A. papyracea.* Beide werden von weißen schuppenähnlichen Blättern bedeckt, die bei der ersten Art fast silbergrau sind, bei der zweiten weiß und – wie es der Name besagt – von papierartiger Beschaffenheit.

Urticaceae: Daß zur Familie der Nesselgewächse «friedliche» Sukkulenten gehören, ist eher erstaunlich. Die Kultur beschränkt sich auf zwei Arten aus der Gattung *Pilea,* die zur Gruppe ohne Brennhaare zählt. Am verblüffendsten ist die Art und Weise, wie *Pilea microphylla* – auch als *Pilea muscosa* bekannt –, die sogenannte Kanonierblume, die Bestäubung vollzieht. Die Pflanze hat eingeschlechtige, zu Blütenständen vereinigte Blüten, und das erwähnte Schauspiel vollzieht sich folgendermaßen. Wenn in den männlichen Blüten der Blütenstaub reif geworden ist, wird er bei Berührung der Pflanze oder infolge der Besonnung in die Luft geschossen und bildet kleine Wolken, die auf die weiblichen Blütenstände niedergehen. Die Pflanze hat dicke, verzweigte, sukkulente Sprosse, sehr kleine fleischige, längliche Blätter und ungestielte Blüten. *Pilea serpyllacea* ist vom gleichen Typ, aber kleiner, hat rundliche, gegen den Blattgrund zu sich verjüngende Blätter, und das Bestäubungsschauspiel gestaltet sich etwas bescheidener. Da die erste aus dem westlichen Indien und die zweite aus Mexiko stammt, könnte es sich durchaus um *eine* Art mit zwei verschiedenen geographischen Rassen handeln. Wie alle Sukkulenten aus tropischen, nicht wüstenhaften Gebieten vertragen sie keine anhaltende Bodennässe, bedürfen aber mäßig hoher Luftfeuchtigkeit.

Vitidaceae: Auch diese Familie hält eine Überraschung bereit. Neben den edlen Weinreben und den Kletterpflanzen, die Mauern und Hecken in Besitz nehmen, beherbergt sie zwei Typen von Sukkulenten. Der eine ist der Familiengewohnheit treu und klettert ebenfalls mittels Ranken, während der zweite verdickte, bis zu sechs Meter hohe Stämme hat, die sich verzweigen und große Blätter hervorbringen. Beide Typen sind blattabwerfend, haben unscheinbare, zu Blütenständen vereinigte Blüten, und die Frucht ist im Gegensatz zur Weintraube eine ungenießbare Beere. *Cissus quadrangularis* ist eine ziemlich bekannte Art. Die fleischigen Sprosse sind viereckig und auf der Höhe der Knoten, wo Blätter und Ranken entspringen, verengt. Zum gleichen Typ gehören *Cissus cactiformis* und wenige andere Arten, nebst vielen Bastarden. Die Pflanzen vom zweiten Typ sind viel seltener: *Cissus bainesii, C. juttae, C. seitziana.* Obwohl sie aus Südafrika kommen, haben sie sich unseren Jahreszeiten angepaßt: sie wachsen im Sommer und ruhen im Winter. Heute bilden sie (nach Rowley) die eigene Gattung *Cyphostemma.*

Welwitschiaceae: Die einzige Art dieser Familie hat ihre Heimat in der Namibwüste Südwestafrikas und in Südangola. Sonst ist sie nur in wenigen botanischen Gärten anzutreffen. Man nimmt an, es sei die älteste aller Sukkulenten, da sie den nacktsamigen Pflanzen, denen auch unsere Nadelbäume zugeteilt sind, angehört. *Welwitschia mirabilis* erhielt ihren Namen 1862 nach ihrem Entdecker Friedrich Welwitsch, der ihr 1860 in der Namibwüste begegnet ist. Die Pflanze besteht aus

Gegenüberliegende Seite: Sie wird als älteste xerophytische Pflanze betrachtet, die es heute noch gibt; zugleich ist die *Welwitschia mirabilis* auch eine der seltsamsten, die man kennt. Hooker, welcher sie beschrieb und ihr den Namen gab, berichtet, daß der Naturforscher Welwitsch, der die Pflanze 1860 entdeckte, «auf die brennende Erde kniete und sie mit weit aufgerissenen Augen anstarrte». In der Wüste, wo diese Pflanze lebt, kommen fünfjährige Trockenperioden vor, in welchen kein Tropfen Regen fällt. Die Tatsache, daß ein pflanzliches Lebewesen unter solchen Bedingungen wachsen, blühen und Samen heranreifen lassen kann, ist sicher erstaunenswert. Zieht man die archaische Struktur, die Langlebigkeit und das Geheimnis des Überlebens dieser einzigen Art in Betracht, kann man verstehen, daß jedem Botaniker die fehlende Schönheit gleichgültig ist.

einem sehr kurzen holzigen Stamm, dem zwei gegenständige, an der Basis stets weiterwachsende riemenartige Blätter entsprießen, die vom Wind langsam in einzelne Bänder zerschlissen werden. So erwecken sie den Eindruck, eine Blattrosette zu bilden. Da es sich um getrenntgeschlechtliche Pflanzen handelt, bringen die einen männliche, die anderen weibliche Blütenstände hervor. Die ersteren sind rotbraun und zapfenförmig: die weiblichen Blüten sind grün und haben eine geflügelte Hülle. Es wird behauptet, die Pflanze erreiche ein Alter von über tausend Jahren. Auf alle Fälle wächst sie äußerst langsam.

Natürlich bietet diese Beschreibung der botanischen Familien nur einen Überblick über die gängigsten und charakteristischsten Sukkulenten, die allerdings für den Amateur zum Teil nur schwer zu bekommen sind. Vielleicht konnte diese Beschreibung aber doch eine Einsicht in Bau und Leben der verschiedenen Pflanzen vermitteln.

Oben: Die Schildläuse, in der Kultur äußerst lästige Parasiten, wurden früher zum Zwecke der Farbstoffgewinnung eigens auf den Kakteen gezüchtet.

Links: Die Agaven sind für Mexiko eine wichtige Rohstoffquelle. Nebst den Arten, deren Saft man vergären läßt, wird besonders *Agave sisalana,* von der man Textilfasern gewinnen kann, angebaut.

Die Bedeutung der Sukkulenten als Nutz- und Zierpflanzen

Die wirtschaftliche Bedeutung der Sukkulenten ist eher gering, wenn man den Nutzen anderer tropischer und subtropischer Gewächse zum Vergleich heranzieht. Das bescheinigt uns auch die Geschichte des Kautschuks, des Chinins, des Tees, der Edelhölzer und der Gewürze. Was die Entdecker und Naturforscher gefunden hatten, löste manchen Krieg aus und öffnete zugleich dem Handel und der Industrie die Türen zum Erfolg. Die Sukkulenten nehmen sich da bescheidener aus. Sie waren kaum jemals Kriegsgrund und haben wohl niemandem Wohlstand gebracht. Sie lieferten – von wenigen Ausnahmen abgesehen – keine Hölzer, keine Säfte oder Früchte, Harze und Aromen, die von Bedeutung sind. Möglicherweise wußten die Eingeborenenstämme einige dieser Pflanzen zu nutzen, vielleicht im Zusammenhang mit kultischen Handlungen. Als verwandtes Beispiel kennen wir die Verwendung von *Sempervivum tectorum* («Echte Hauswurz», «Dachhauswurz» oder «Hauswurz»). Diese Pflanze wurde im Norden Europas und in Berggegenden

Seiten 56–57: Auf dieser alten aztekischen Darstellung, die dem sogenannten Codex Laud in der Bodleian Library in Oxford entnommen wurde, zeigt die Göttin Mayahuel, wie man den Pulque aus der Agave gewinnt. Es ist einem glücklichen Zufall zu verdanken, daß der Kodex dort aufbewahrt wird, besteht doch der Kern der Bibliothek aus den Dokumenten des Ashmole-Museums. Dieses wiederum war seinerzeit nichts anderes als eine Erweiterung jener Sammlung, die vom großen Naturforscher John Tradescant in der ersten Hälfte des 17. Jahrhunderts geschaffen wurde.

Unten: Obwohl es nicht die einzige Art mit eßbaren Früchten ist, bringt doch *Opuntia ficus-indica,* der Feigenkaktus, die besten hervor. Die Pflanze ist im Mittelmeergebiet heimisch geworden und wird nicht nur der Früchte wegen, sondern auch als Heckenpflanze geschätzt.

auf Hausdächern gehalten, weil man glaubte, sie schütze vor Blitzschlag. Genutzt werden die Sukkulenten, wenn andere Rohstoffquellen nicht zur Verfügung stehen. So werden in den amerikanischen Wüsten die Säulenkakteen anstelle von Holz als Palisaden oder Balken verwendet. Die Verwendung von Sukkulenten oder Teilen davon als Nahrungsmittel ist auf die Ursprungsgebiete dieser Pflanzen beschränkt. Es wird da beispielsweise das Sproßinnere von *Dioscorea elephantipes* gebraten, und auch die Früchte von *Carpobrotus edulis* und gewisser Echinocereen werden verzehrt. Die einzige Gattung der *Cactaceae,* die als Nahrungsmittelquelle in Frage kommt, ist *Opuntia* mit dem Feigenkaktus *Opuntia ficus-indica.* Diese Pflanze ist im Mittelmeerraum heimisch geworden, speziell auf Sizilien, wo sie ihrer Früchte wegen, die die besten und größten sind und über fünfzehn Prozent Zucker enthalten, gepflanzt wird. Auch in Südafrika und Australien ist der Feigenkaktus angesiedelt worden. Es sind aber häufig Arten mit weniger guten Früchten, wie zum Beispiel *Opuntia tuna* und deren Kreuzungen. In ihrer Heimat, das heißt in Texas und Mexiko, sowie in Nordafrika, Südafrika und in Australien, werden

viele Opuntien mit abgeplattetem Sproß als Tierfutter verwendet, nachdem die Dornen abgebrannt wurden. Mehr noch werden die jungen, dornenlosen und endständigen «Schaufeln» in Mexiko geschätzt, wo sie paniert und im Öl gebacken als Leckerbissen gelten. Alle Opuntien werden leicht von Schildläusen befallen, und bis zur Einführung der künstlichen Farbstoffe wurden die Opuntien auf den Kanarischen Inseln, wie es schon lange zuvor in Mexiko der Brauch war, der Schildläuse wegen gehalten. Die Weibchen der Schildlaus *Coccus cacti* sind vor der Eiablage reich an einem Farbstoff, mit dem man Stoffe violett und scharlachrot färbte oder aus dem man Aquarellfarben herstellte. Die synthetischen Farbstoffe freilich sind viel billiger, mußte man doch für ein Kilo getrockneter Schildläuse deren 140 000 ablesen.

Es erstaunt vielleicht, doch findet der Milchsaft der Euphorbien (Wolfsmilchgewächse) im Gegensatz zur Milch des Kautschukbaumes kaum Verwendung. Wohl gebrauchte man früher den herben, reizenden Saft von *Euphorbia resinifera* und verwandter Arten in der Heilkunde, heute ist dieses Mittel aber verschwunden. Weltbedeutung könnten diese Gewächse aber dennoch einmal erlangen, denn nach neuesten Entdeckungen soll der Extrakt des Milchsaftes einer gewissen Euphorbie als Rohöl zu verwenden sein. Ganz sicher von altbewährtem Nutzen sind die stacheligen Pflanzen da, wo sie im Freien gedeihen und als Hecken- oder Zaunpflanzen eingesetzt werden. Bereits im Altertum war die Wirkung der *Aloe* oder besser gesagt der gleichnamigen Arznei bekannt, die aus dem eingedickten Saft der fleischigen Blätter hergestellt wurde. Schon Dioskorides verwendete für diese Pflanze den griechischen Namen *alóe,* und den bitteren, abführenden Saft nannte man *alóe dárion.* Die erwähnte Arznei wird aus verschiedenen Aloe-Arten gewonnen und wirkt in kleinen Dosen als Magentonikum, in höheren Dosen als mildes Abführmittel.

Seit Menschengedenken gewannen die Ureinwohner Mexikos allerhand Getränke aus der Agave, besonders den vergorenen «Pulque» und das Destillat «Tequila». Pulque stammt von *Agave atrovirens,* Tequila von *Agave tequilana.* Obwohl die Eingeborenen viele Agaven ununterschieden «maguey» nennen, ist eigentlich nur jene damit gemeint, welche Pulque, beziehungsweise «agua miel» (Honigwasser) liefert. Um den Agavensaft zu gewinnen, schneidet man die Blütenstandknospe tief an, worauf monatelang aus der Wunde die gewünschte Flüssigkeit tritt. Der mehrmals am Tag geerntete Saft wird in offenen Bütten gesammelt und anschließend vergoren. Schon die Azteken beherrschten eine ähnliche Braukunst. Die Legende erzählt, daß eine Bauersfrau eines Tages eine Maus wegjagen wollte. Überrascht, weshalb die Maus keine Scheu zeigte, entdeckte das Weib, daß das Tier in ein Maguey-Blatt gebissen hatte und daß aus dessen Wunde ein Saft floß. Aus Neugier kosteten sie und ihr Mann von diesem Saft, und sie bemerkten, daß die Wirkung sehr angenehm und wohltuend war. Sie beschlossen, die Tranksame den Göttern als Opfergabe anzubieten, worauf sie zum Dank selbst zu Göttern erhoben wurden. Der Mann wurde Xochipilli, Gott der Blumen, und die Frau zu Mayahuel, Göttin des Pulque und aller Rauschmittel. Ein solches liefert auch der kleine Kaktus *Lophophora williamsii,* auf deutsch «Schnapskopf» genannt. Er wurde über Jahrhunderte hinweg von vielen Indiosstämmen benutzt, um bei religiösen Zeremonien Traumzustände und Visionen hervorzurufen. In schlechten Ruf gelangte diese Droge erst, als man in neuerer Zeit das gefährliche LSD entdeckte. Man bemerkte nämlich, daß sich im «Heiligen Kaktus» ein Stoff mit LSD-ähnlicher Wirkung befindet. Es ist das Meskalin, welches seinen Namen von «mescal» – einer der Bezeichnungen des erwähnten Kaktus – erhalten hat. Diese

Pflanze führte zu verschiedenen Zeiten und bei verschiedenen Stämmen die Namen «Peyote», «Peyotl», «Xicori», «Señi» und viele andere, darunter den alten aztekischen «Teonanacatl», welcher bei den spanischen Eroberern einige Verwirrung stiftete. Diese glaubten nämlich, es handle sich um einen Pilz, da in der Aztekensprache alle Pilze als «Nanacatl» bezeichnet wurden.

Viele Fachleute bestätigen, daß zwischen der Wirkung von LSD und derjenigen der berauschenden Stoffe des Kaktus keine Parallelen zu ziehen sind. So wird denn auch *Lophophora* im Innern Mexikos noch auf dem Markt, zusammen mit Gewürzen feilgeboten, während in den USA verschiedene, oft widersprüchliche Gesetze erlassen wurden, die ihren Besitz und Gebrauch regeln, weil sich die indianischen Stämme einem Verzicht auf das Mittel bei ihren Zeremonien hartnäkkig widersetzten.

Ist die wirtschaftliche Bedeutung der Sukkulenten auch beschränkt, nimmt doch ihre Wertschätzung als Zierpflanzen dauernd zu. Es handelt sich nämlich nicht selten um Pflanzen von harmonischer, manchmal auch bizarrer Form, mit auffälligen Blüten und von zäher Widerstandsfähigkeit, so daß sie sich für Orte eignen, wo sonst nichts Vernünftiges mehr wächst. Es fehlen aber auch die nicht, die sich in geeignetem Klima unter anderen, «normalen» Pflanzen wohlfühlen. So erfreuen die winterlichen Blüten der *Aloe* besonders neben anderen immergrünen Pflanzen. Die als *Mesembryanthemum* bekannten Arten warten zu Beginn des Sommers mit reicher, großartiger Blüte auf, und ebenso viel, wenn nicht mehr, tut *Portulaca grandiflora,* die während des ganzen Sommers ihre seidigen Blüten hervorbringt.

Links oben: Manche Opuntien mit abgeplatteten Sprossen dienen, nachdem die Dornen entfernt wurden, in Mexiko und Texas als Viehfutter. Die jungen Schaufeln, «Nopalitos» genannt, werden vor dem Erscheinen der Dornen geerntet und gelten in Öl gebacken auch für Menschen als Leckerbissen.

Links unten: Der Zierwert der Opuntien mit verdrehten und zylindrischen Sprossen liegt in der bezaubernden Blütenpracht. Dank ihrer Widerstandsfähigkeit gegen Kälte eignen sie sich ausgezeichnet für Gärten arider Gebiete.

Unten rechts: Die kleinen Bäume von *Aloe plicatilis* haben unbewaffnete Blätter, so daß man die Pflanze in jeder Umgebung halten kann.

Die meisten im Topf gehaltenen kleinen Sukkulenten verlangen während des Winters nichts als Schutz vor Frost und so viel Licht wie möglich. Im übrigen warten sie geduldig darauf, im Frühling wieder gegossen zu werden. Kommt man diesen bescheidenen Wünschen nach, lohnen sie es dem Halter, indem sie ihre Blätter anschwellen lassen, Sprosse treiben und unerwartet zarte Blüten hervorbringen. Sukkulenten eignen sich besonders gut auch für Häuser in wärmeren Regionen, die nicht dauernd bewohnt werden, also für Weekend- und Ferienhäuser. Man ist dann angenehm überrascht, wenn sie bei einem plötzlichen Besuch in prächtiger Blüte stehen: überquellende Blumentöpfe von blühendem *Epiphyllum* zum Beispiel im Vorgarten eines Landhauses oder vielleicht der aufgehende Blütenstand einer *Echeveria* auf dem Fenstersims eines alten Bauernhauses.

Die Freilandkultur

Wo die tropische Sonne unbarmherzig brennt, wo warme Sommer und milde Winter die Küsten des Mittelmeeres und Kaliforniens verwöhnen, wo das Land mit der Wärme des Golfstromes gesegnet ist, da sind die Sukkulenten zu Hause. Und wo das Land ansteigt, der Himmel klarer wird und die Nächte kälter, wo die Sonne im Frühling den letzten Schnee wegschmilzt und die nackten Felsen erwärmt, da ist die Heimat der kleinen Sukkulenten. Es hat Jahrhunderte gebraucht, sie alle kennen- und schätzenzulernen und sie in eigens für sie hergerichteten Gärten zu

Der «Jardin Exotique» von Monte Carlo genießt einen bevorzugten Standort. Da er der Öffentlichkeit zugänglich ist, gehört er zu den berühmtesten.

Links: La Mortola, früher im Besitz von Lord Hanbury und von ihm angelegt, ist noch allgemein unter seinem Namen bekannt. Die Lage nahe Ventimiglia ist für die Sukkulentenkultur, die ein mildes Klima verlangt, außerordentlich günstig.

Unten: Die Agaven finden sich überall dort zurecht, wo keine anhaltenden Fröste vorkommen. Sie sind besonders in abschüssigem Gelände wertvoll, weil sie es mit ihren starken Wurzeln stützen.

sammeln. Es ist heute üblich, solche Gärten anzulegen, wo immer es das Klima erlaubt. Einige dieser Gärten sind wegen ihrer Einmaligkeit in der ganzen Welt berühmt. Beginnen wir in Europa oder noch besser an der italienisch-französischen Mittelmeerküste, so können wir dort deren drei aufspüren. Sie liegen alle nahe beieinander und profitieren vom wärmenden Mittelmeer im Süden und von den schützenden Bergen im Norden. In Italien, zwei Kilometer von der französischen Grenze entfernt, an der «Blumenriviera», liegt «La Mortola», der vom Engländer Sir Thomas Hanbury (1832–1907) gegründete botanische Garten auf einem Felsvorsprung. Es ist eine bezaubernde Lage. Man steigt von felsiger Höhe hinunter zum Meer. Ein Wirrwarr von Wegen und Treppen, dazwischen Brunnen, umsäumt von üppigen Bäumen: Oliven, Zypressen, Eucalyptus, Akazien und vielen anderen subtropischen Arten. Auch die Sukkulenten fehlen nicht. Ein ganzes Revier steht ihnen zur Verfügung, ist ihnen gewidmet. Eine große Harmonie bietet sich da dem Auge, und nie hat man den Eindruck, es handle sich um etwas von Menschenhand Geschaffenes. Ein ausgezeichnetes Vorbild für den, der seinen Garten mit Sukkulenten bereichern möchte.

Kaum fünfzig Kilometer davon entfernt begegnet man wiederum säuligen Riesen, struppigen weißbehaarten Kugeln und anderen uns bekannten Formen. Es ist der «Jardin Exotique», der Exotische Garten von Monaco, den man 1913 begonnen und 1933 eingeweiht hat. Er besteht vorwiegend aus Sukkulenten. Auf dem kalkigen Fels sind sie gut geschützt und scheinen sich zu Hause zu fühlen, denn sie

Wer schon an einer Mittelmeerküste gewesen ist, kennt auch *Carpobrotus acinaciformis,* dem weder Fels noch salzige Luft etwas anhaben. Er bedeckt mit seinen violett-roten Blüten Strände und Buchten.

erreichen Größen und blühen in einer Art, wie sie es sonst nur in ihrer Heimat tun. Der Besucher erscheint neben den Säulen von *Neobuxbaumia polylopha,* die eine Höhe von acht Metern erreicht, oder neben *Echinocactus grusonii* mit mehr als drei Metern Umfang (und einem Alter von mehr als 80 Jahren) geradezu als Zwerg. Auch dieser Garten liefert ein Vorbild dafür, was man aus einem felsigen, besonnten, trockenen und vor rauhen Winden geschützten Grundstück herausholen kann. Der Dritte im Bunde an der milden, geschützten Küste ist die private Pflanzensammlung «Les Cèdres», zwischen Nizza und Monaco gelegen. Es ist die wichtigste Sammlung in Europa und zugleich das Lebenswerk von J. Marnier-Lapostolle, dem berühmte Botaniker sogar ihre Werke widmeten. Hier fehlt nichts von der Palme bis zur Orchidee, und für die empfindlichsten Geschöpfe stehen Gewächshäuser zur Verfügung.

Um den vierten Garten zu besuchen, müssen wir das Mittelmeer verlassen und uns in den Atlantik begeben. Da finden wir ihn, siebzig Kilometer westlich von Cornwall auf einer der Scilly-Inseln. Seine Existenz verdankt dieser Garten dem wärmenden Golfstrom, der die Inseln umspült. Das große Problem sind hier die stürmischen Winde, aber dennoch blühen hier *Aloe, Mesembryanthemaceae* und *Aeonium.* Die *Dasylirion,* enge Verwandte der *Yuccas,* gedeihen geradezu üppig. Die Insel ist felsig und steigt unregelmäßig an, vom Meer bis zum Haus Tresco Abbey. Augustus Smith erkannte als erster die Möglichkeiten, die dieses ungewöhnliche Klima schafft, und ließ sich hier 1834 nieder. Der Garten, in dem

Gegenüberliegende Seite: Einer der schönsten Gärten mit Sukkulenten finden wir unerwarteterweise auf der Insel Tresco, einer der Scilly-Inseln vor der Küste Cornwalls. Der warme Golfstrom schafft hier ein für diese geographische Breite ungewöhnliches Klima.

Palmen, Pinien und seltene subtropische Pflanzen in eindrücklicher Natürlichkeit gedeihen, ist sein Werk. Ein solcher Garten braucht zwar lange Zeit bis zur Vollendung, kann aber ein Vorbild für ähnliche Lösungen sein.
Nicht Zufall, sondern gewollte strenge Wissenschaftlichkeit und der Wille, etwas Einzigartiges zu schaffen, sind der Grund für das Bestehen des vier Hektaren großen «Gartens der Wüste» in den Huntington Botanical Gardens, etwa dreißig Kilometer außerhalb von Los Angeles. Hier ist es nicht das warme Meer, das die Kultur von Sukkulenten erlaubt; vielmehr sind es die schützenden Berge der Sierra Nevada, die ein trockenes, subtropisches Klima ermöglichen. Im Jahre 1902 erwarb Henry E. Huntington, ein reicher amerikanischer Industrieller und Kunstsammler, dieses Grundstück, auf dem vorher Zitrusfrüchte angebaut wurden, und betraute den aus Deutschland stammenden William Hertrich (1878–1966) mit der Anlage und dem Unterhalt der Gärten. 1910 konnte Hertrich seinem Auftraggeber die Erlaubnis abringen, auf einem trockenen, besonnten Hügel einen Sukkulentengarten anzulegen. Hertrich reiste nun umher, um möglichst viele Exemplare zu bekommen, und so wurde diese Freiland-Sukkulentensammlung die größte der Welt. Sie umfaßt nahezu 30 000 Exemplare aus Hunderten von Arten. Die *Cactaceae,* hier sozusagen zu Hause, blühen wie sonst nirgends in Kultur. Nur einige empfindliche südafrikanische Sukkulenten ertragen die relativ seltenen winterlichen Regengüsse schlecht.

Wenden wir uns dem andern Extrem zu, so begegnen wir den «Alpengärten», wo die Sukkulenten der Höhenlagen und der gemäßigten Zonen leben. Solche Anlagen finden wir in fast allen botanischen Gärten Mittel- und Nordeuropas. Großartig ist der Alpengarten von Wien, der – zur Universität gehörig – inmitten der Stadt liegt und uns so einen Eindruck davon vermittelt, wie widerstandsfähig diese Pflanzen auch gegen Luftverschmutzung sind, sofern ihnen das Klima entspricht. Wir finden da Kissen von *Sempervivum,* Schöpfe von *Sedum* zwischen Enzianen, Steinbrech und Edelweiß.
Zusammenfaßend betrachtet lehren uns all diese Beispiele, daß die Beschaffenheit des Bodens – natürlich mit gutem Wasserabfluß – äußerst wichtig ist. Die Erde um die Wurzeln muß locker, sandig und frei von stauender Nässe sein. Ein abschüssiges, felsiges Grundstück ist ideal, da das Wasser gut abläuft und man Senken und Terrassen für hohe oder hängende Pflanzen errichten kann. Die Gartenwege sollten eben und durch Treppen mit flachen Stufen verbunden sein, damit bei heftigen Regenfällen keine reißenden Bäche entstehen. Die Sonne muß lange und an sehr vielen Tagen des Jahres einstrahlen, weshalb Südlagen die besten sind. Weiter muß der Sukkulentengarten windgeschützt sein; wo dies nicht der Fall ist, kann mit einer Mauer nachgeholfen werden. Bei der Temperatur sollte man immer das Minimum ins Auge fassen und daran denken, daß die betreffenden Pflanzen während der Vegetationspause trocken haben müssen. Nichts ist für Sukkulenten bedrohlicher als Nässe, gepaart mit Kälte. Es ist klar, daß ein Schutz gegen Nässe nur dann wirksam ist, wenn er dem Wasser auch den Zugang zu den Wurzeln verwehrt. Sukkulenten mit Sommerruhe eignen sich für die Freilandkultur schlecht. Auch wenn man ihnen im Winter die nötige Wärme verschafft, ist es doch im Sommer außerordentlich schwierig, die Feuchtigkeit im Freien zu dosieren.
Im Zweifelsfall wende man sich besser der Topfkultur zu. Steht ein geeignetes Terrain zur Verfügung, kann man seine Schützlinge während der ganzen Zeit, in der sie keinen Schutz benötigen, samt Topf draußen in der Erde lassen. Natürlich ist auch die Größe des Gartens zu beachten. Zu dichte Bepflanzung wirkt unästhetisch, und die bedornten Pflanzen verwehren jeden Zugang. Ist der Garten klein,

beschränkt man sich mit Vorteil auf dornlose Arten wie *Aeonium, Echeveria, Carpobrotus* und *Crassula,* die gut zu den Nichtsukkulenten passen.

Sukkulenten im Gewächshaus und in der Wohnung

Es gibt sukkulente Pflanzen, die je nach der Art verschieden groß werden. Man kennt solche, die im Alter zu Sträuchern oder Bäumen auswachsen, andere jedoch bleiben immer klein und können deshalb lange Zeit im selben Gefäß kultiviert werden. Die meisten botanischen Gärten, aber auch viele private Sammlungen, haben für die Sukkulenten extra Gewächshäuser erstellt. Dort können sie dann im natürlichen Boden ausgepflanzt werden und sind vor den Unbilden der Witterung geschützt. Im Mittelmeergebiet findet man auch Pflanzen auf felsigen Beeten und unter weiten Glasvordächern, wo sie nach systematischen oder geographischen Gesichtspunkten sowie nach Geschmack und Gutdünken angeordnet sind. Natürlich benötigen diese Beete alle einen guten Wasserabzug. Aber auch unter solchen erlesenen Bedingungen gibt es besonders empfindliche Exemplare. Vielfach sind es junge, zarte Pflanzen. Andere wollen im Sommer an der Sonne sein, so daß man sie vorteilhafter in Töpfen hält, um sie besser vom Gewächshaus ins Freie transportieren zu können. Ein kühles oder je nach den Verhältnissen der Außentemperatur leicht geheiztes Gewächshaus mit winterlichen Tiefsttemperaturen von 4 bis 7 Grad Celsius für hochandine Sukkulenten und 10 bis 15 Grad für die übrigen Sukkulenten ist indessen der ideale Ort, um innerhalb der Grenzen des Möglichen Umweltsbedingungen zu schaffen, die ein gutes Überwintern der Pflanzen gewährleisten. Die große Helligkeit, Lüftung während sonniger und heißer Tage und der Schutz vor Regen und Schnee lassen Pflanzen mit winterlicher Ruhezeit oder winterlicher Blüte gut gedeihen.
Die von uns betrachteten Pflanzen gehören drei Kategorien an. In die erste reihen wir Pflanzen ein, die Blütenknospen treiben, wenn die Nacht länger ist als der Tag.

Unten links: Ein effektvoller Gegensatz in einem Küstengarten: bei einer rauhen, dornigen *Agave* eine zarte, weiche *Crassulacea* (Dickblattgewächs).

Unten rechts: In tropischen Klimaten, wie hier in einem Garten von Nairobi, können Sukkulenten baumförmige Ausmaße annehmen.

Es sind die «Kurztagpflanzen». Zur zweiten Kategorie zählen jene, die nur blühen, wenn die Tageslänge die Nachtlänge übertrifft. Dies sind die «Langtagpflanzen». Die Pflanzen der dritten Kategorie endlich reagieren nicht auf die wechselnde Tageslänge. Sie folgen den Jahreszeiten aufgrund des Lichtangebotes, der Temperatur und der Feuchtigkeit. Natürlich spielt für die erstgenannten Pflanzen die Wärme keine Rolle, da sie zur Winterszeit blühen, während die andern einer erhöhten Temperatur bedürfen. Die Temperatur hat für die Blütenbildung bei Sukkulenten aus warmen Verbreitungsgebieten einen geringeren Einfluß, bedeutend ist aber die Länge und Intensität der Trockenheit. Der Faktor Licht betrifft eher jene Pflanzen, die weit nördlich oder südlich des Äquators gedeihen. Es ist die geographische Breite, die das Lichtangebot bestimmt. Im Tropengürtel herrscht stets Tag- und Nachtgleiche. Wechselt man auf die südliche Halbkugel, erlebt man die Umkehrung der Jahreszeiten, welcher auch die Pflanzen unterworfen sind, die auf die Tageslänge reagieren. Bei uns blühen Kurztagspflanzen im Winter. Doch gibt es auch Langtagspflanzen, die bei uns im Winter blühen, weil sie z.B. aus Südafrika stammen, wo zu dieser Zeit Sommer ist, und sie ihren heimatlichen Wachstumsrhythmus beibehalten. Auf Grund ihrer Herkunft benötigen sie nach einer absolut trockenen Ruhezeit im Frühsommer eine Feuchtigkeitsperiode, um mit der Vegetation beginnen zu können. Viele Mesembryanthemaceen aus den trockenen südafrikanischen Hochebenen blühen deshalb bei uns ausgangs Sommer und im Herbst. Andere Pflanzen, in deren Heimat Licht und Wärme immer gleich bleiben, wachsen auch bei uns ununterbrochen, wenn man nicht während der bei uns lichtarmen Wintermonate eine Ruhezeit einschaltet. *Euphorbia milii* blüht vorwiegend im Frühling und Sommer. Bei guten Licht- und Temperaturverhältnissen kann sie aber auch im Winter blühen.

Diese Beispiele zeigen, wie bei kontrollierbaren Bedingungen im Gewächshaus die Pflanzen leichter zum Blühen gebracht werden. Das soll nicht heißen, daß Fensterbrett- oder Balkonpfleger auf Blüten ganz verzichten müssen. Viele Sukkulenten aus Freilandkultur haben gegenüber denen im Gewächshaus die schönere Färbung der Blätter oder die wesentlich stärkere Bedornung.

In den großen botanischen Gärten sind immer ein oder mehrere Gewächshäuser den Sukkulenten vorbehalten, oder wenigstens jenen Sukkulenten, die nicht in Töpfen gehalten werden müssen. Im Bild das Gewächshaus von Kew Gardens in London.

Links außen: Das Gewächshaus bietet Pflanzen, die besonderer Umsicht bedürfen, optimale Bedingungen – wie z.B. dieser *Kalanchoe,* die eine Kurztagpflanze ist.

Links: Das Pfropfen der Kakteen entspricht dem Wesen dieser Pflanzen und rechtfertigt sich durch die Einfachheit, mit der es durchgeführt werden kann. Manchmal gehen daraus aber geschmackslose, bizarre Formen hervor, wie etwa bei diesem *Gymnocalycium,* bei dem durch eine spezielle japanische Behandlungsart künstlich Rot- oder Gelbfärbung erzeugt wird.

Unten: Ein Kaktus, der zur Blüte lediglich einen kühlen Winter und die Sommersonne benötigt: der zu den *Lobivia* gehörende *Chamaecereus silvestrii.* Man findet ihn als Topfpflanze selbst in Häusern auf dem Lande.

Sedum rubrotinctum wiederum hat, wie es der Name sagt, normalerweise rötliche Blätter, die im Gewächshaus aber vorwiegend grün bleiben. Ebenso verhalten sich die *Echeveria,* die ihren rosafarbenen Hauch verlieren, und bei manchen *Graptopetalum* verschwindet die typische Amethyst-Farbe. Es heißt allgemein, daß diese Farben nur in der prallen Sonne erscheinen. Das ist aber nur teilweise richtig, da sie in warmen Klimaten bei starker Sonnenstrahlung ganz verschwinden und nur im Frühling und Herbst hervortreten. Daß die Sonne notwendig ist, ist schon richtig; entscheidend ist jedoch das Temperaturgefälle zwischen Tag und Nacht. Im Ursprungsgebiet vieler Sukkulenten bleibt dieser Unterschied übers Jahr hinweg praktisch konstant. In milden Klimaten finden sich aber nur zu gewissen Zeiten im Jahr solche Bedingungen. Sind die Nächte warm, werden die Blätter mancher Sukkulenten durch die Sonne gleichmäßig gefärbt. Dies ist bei *Gasteria* und *Haworthia* der Fall, welche die Sonne eben schlecht vertragen. Herrschen aber niedrige Nachttemperaturen und heiße sonnige Tage, bilden sich Farbstoffe wie die der Blüten und der herbstlichen Blätter. Im Gewächshaus sind die Pflanzen der direkten Besonnung entzogen und die Temperaturunterschiede zwischen Tag und Nacht zu gering, um eine solche Pigmentation hervorzurufen.

Was dagegen bei der Sukkulentenhaltung in der Wohnung zu Schwierigkeiten führt, sind die hohen Wintertemperaturen und das ungenügende Licht. Im Mittelmeergebiet genügt es, die Pflanze auf dem Balkon oder auf der Terrasse mit einem leichten Schutz zu versehen. Dauert die Kälte längere Zeit an, ist ein heller, kühler Platz vonnöten. Sind Doppelfenster vorhanden, so fühlen sich die Sukkulenten zwischen Fenster und Vorfenster am wohlsten. Die Wassergaben im Winter müssen auf ein Mindestmaß beschränkt werden. Bei höherer Raumtemperatur kann man die Pflanzen besprühen oder benetzen, damit die Gewebe nicht schrumpfen. Es ist egal, wenn Teile des Wurzelwerks verdorren. Bei Anbruch der freundlicheren Jahreszeit, wenn wieder mehr Wasser gegeben wird, treibt die Pflanze mit Leichtigkeit neue Wurzeln. Wichtig ist vor allem, daß sich im Wurzelwerk keine Fäulnisherde bilden, die sich auf die übrige Pflanze ausbreiten würden.

Die kleinen *Mesembryanthemaceae* (Eiskrautgewächse) sind außerhalb des Gewächshauses schwierig zu halten, weil sie im Winter viel Licht und eine gewisse Wärme, aber kein Wasser verlangen, da sie sonst zu faulen anfangen.
Oben links: *Conophytum pearsonii,* oben rechts: *Delosperma taylori.*

Im Frühling stellt man die Pflanze, sofern es nicht regnet, wieder ins Freie. Die Wassergaben dürfen nur langsam erhöht werden. Ebenfalls sollte man die Pflanze nur ganz allmählich wieder an die Sonne gewöhnen, damit das Gewebe durch die Wirkung der Strahlen nicht geschädigt wird und keine häßlichen Narben entstehen. Während des Sommers berücksichtigt man beim Gießen den sonnigen oder schattigen Standort, die Größe des Gefäßes und dessen Beschaffenheit (Kunststoff bewahrt die Feuchtigkeit länger als Terracotta). Pflänzchen in kleinen Tongefäßen gießt man häufiger, weil diese stärker austrocknen. An den Gefäßwänden bilden die Wurzeln einen dichten Filz. Dort, an der Topfwand, bleibt nämlich wegen des durch die Poren verdunstenden Wassers der Hauptteil der Nährstoffe zurück. Umtopfen muß man die Sukkulenten nur in größeren Zeitabständen. Dies gilt besonders für gewisse Kakteenarten und Agaven. Ist jedoch die Zeit dafür gekommen, darf man nicht vergessen, den Wurzelfilz zu entfernen oder ihn wenigstens zu entflechten, damit die feinen Würzelchen in die neue Erde eindringen können. Das Pflanzengefäß soll nicht zu klein und auch nicht zu groß sein, da sich im letzteren Fall die Erde verfestigt und somit die Nässe staut. Davon ausgenommen sind Kakteen mit dicken und tiefgründigen Wurzeln. Sie benötigen mehr Erde, als es ihr oberirdischer Teil vermuten ließe. Bei Pflanzen wie *Aloe, Agave* und *Senecio,* deren dicke und kräftige Wurzeln zuweilen den Topf sprengen, tut man gut daran, beim Umtopfen die ältesten und dicksten wegzuschneiden. Die Erde für Sukkulenten soll stets locker und frei von unzersetztem organischem Material sein. Dieses würde Schimmel und später Fäulnis hervorrufen.

Junge Pflanzen, frisch bewurzelt oder soeben aus Samen kultiviert, lieben eine leichtere Erde und höhere Temperaturen als ältere, ausgewachsene Pflanzen. Außerdem darf man diese Jungpflanzen nie der vollen Sonne aussetzen.

Eine gute Erdmischung, die man für die meisten Sukkulenten verwenden kann, besteht aus:

30% alter Lauberde (mindestens 3–4 Jahre alt),

30% gut verrotteter Komposterde, die unbedingt sterilisiert werden muß,

30% Quarzsand in verschiedenen Körnungen,
10% Ziegelschrot oder Granitschotter.

Bewährt haben sich Beigaben von gestoßener Holzkohle. In den letzten Jahren sind viele Sukkulentenliebhaber von den altbewährten Erden ganz abgekommen, und sie kultivieren ihre Pflanzen mit großem Erfolg nur noch in verwittertem Granitsand und -schotter, ohne Humusbeigaben.

Wichtig ist auf alle Fälle, daß bei Jungpflanzen die Erde mehr Sand enthalten muß, und bei den epiphytischen Arten wechselt man die groben Mineralien gegen Torfmull aus.

Beim Umtopfen ist darauf zu achten, daß das Abzugloch am Topfboden mit einer Scherbe bedeckt wird, um das Herauswaschen der Erde zu verhindern. Außerdem kommt auf die Scherbe eine Schicht von 1–3 cm Kies. Nur so ist der Abfluß des überschüssigen Wassers gewährleistet. Zum Umpflanzen dorniger Pflanzen verwendet man Lederhandschuhe, eine spezielle gepolsterte Holzzange, oder man macht sich eine Papierserviette.

Der Sukkulentenpfleger sollte auf folgende grundlegende Punkte achten: Während der winterlichen Vegetationspause verlangen die Sukkulenten Helligkeit, trockenen Stand und kühle Temperaturen. Bei schönem Wetter darf man die Pflanzen auch im Winter (ungefähr 1–3 Mal im Monat) mit warmem Wasser ganz fein übernebeln.

Erst mit Beginn der Vegetation, im Frühling, werden die Wassergaben langsam erhöht. Nach der langen lichtarmen Winterruhe sind die Pflanzen die recht wirksame Frühjahrssonne nicht mehr gewöhnt. Besonders wer seine Pflanzen direkt ins Freie stellt, muß darauf achten, daß diese anfangs über die Mittagszeit leicht beschattet werden müssen. Auch sonst verlangen nicht alle Sukkulenten die volle Sonne. Es gibt auch viele Arten, die entweder als Epiphyten im Schattendach tropischer Wälder wachsen, oder andere, die sich in den Savannen und Wüsten nur im spärlichen Schatten von hohem Gras, von Bäumen und Büschen oder großen Felsen entwickeln können. Ein gutes Beispiel sind die südafrikanischen Haworthien und Gasterien.

Im übrigen darf man nicht vergessen, daß in Gebieten wie zum Beispiel den Ländern am Mittelmeer die brennende Sonne länger am Himmel strahlt als in den eigentlichen Heimatgebieten und die Nächte nicht die so nötige Abkühlung bringen.

Es ist eine erfreuliche Tatsache, daß sich die meisten Sukkulenten recht einfach vermehren lassen. Man kann also von Sammlungen von Freunden und Bekannten profitieren und seine eigene Sammlung durch Blatt- oder Sproßstecklinge erweitern. Leider lassen sich manche der selteneren Sukkulenten nur durch Samen vermehren, und es ist oft nicht so leicht, Sukkulentensamen zu bekommen. Auch die Anzucht aus Samen ist nicht immer einfach. Vielmals sind die Samen winzig klein. Beispielsweise wiegen 1000 Samen von *Lithops* lediglich 75 Milligramm. Aber auch sonst gibt es einige Dinge, die bei der Aussaat unbedingt beachtet werden müssen. Die beste Aussaatzeit ist das Frühjahr. Man verwendet eine sehr sandige Erde, die leicht feucht sein soll. Darauf verteilt man dann den Samen und drückt ihn ein bißchen an. Den Topf oder die Schale mit dem Saatgut stellt man dann in einen Unterteller, in den von Zeit zu Zeit Wasser gegossen wird. Auf diese Weise schwemmt man beim Gießen die Samen und jungen Keimlinge nicht weg. Die beste Keimtemperatur ist zwischen 20–25 Grad C. Während der Keimung deckt man den Topf oder die Schale mit einer Scheibe oder mit Plastik ab. Wichtig ist, daß das unvermeidliche Kondenswasser nicht in die frischen Sämlinge fällt und dort Fäulnis verursacht.

Oben: Anordnung von Sukkulenten in einem Garten.

Rechts: Die cristaten Formen sind empfindlicher als die gewöhnlichen, aber von den Sammlern trotz der schwierigen Haltung sehr gesucht.

Die Samen keimen in den meisten Fällen rasch, jedoch ist das anschließende Wachstum der Sämlinge eher langsam. Die jungen Pflänzchen vertragen kein Austrocknen des Bodens, und sie müssen deshalb öfter gegossen werden als alte Exemplare. Sehr viel einfacher und schneller geht die Vermehrung durch Stecklinge. Stecklinge können vom Kopf eines Sprosses oder von Blättern gemacht werden. Man kann aber auch Seitentriebe oder Ausläufer abtrennen. Die Schnittwunde muß auf alle Fälle gut abtrocknen. Bei Pflanzen, die einen Milchsaft enthalten, muß man den Saftfluß sofort zum Stillstand bringen. Man macht das mit warmem Wasser oder indem man Zigarettenasche, Holzkohlenstaub oder ganz feinen Sand auf die Wunde bringt, und zwar sowohl auf dem Steckling wie auf der Mutterpflanze. Nach 2–3 Wochen steckt man dann die Pflanzen in ein sandiges Substrat. Blätter, die zur Vermehrung dienen sollen, werden mit einer leichten, bestimmten Drehung von der Mutterpflanze abgetrennt. Wichtig ist, daß die Ablösestelle vom alten Pflanzenstengel intakt bleibt, weil sich in den meisten Fällen hier die Wurzeln bilden und die neue Pflanze entsteht. Ein Blattsteckling wird nicht eingegraben, sondern mit der Blattoberseite nach oben auf leicht feuchten Sand gelegt. Bis zur Wurzelbildung muß der Sand immer etwas feucht gehalten werden und der Steckling beschattet sein. Erst nach erfolgter reichlicher Wurzelbildung werden die jungen, zarten Stecklingspflanzen in sandiges Erdsubstrat getopft.

Die Sukkulenten leiden selten an Krankheiten, außer wenn sie wegen falscher Haltung vom Schimmel und der Fäulnis befallen werden. Es ist ja wie schon bekannt die Feuchtigkeit, manchmal auch nur die Luftfeuchtigkeit, welche dies verursacht. Daneben werden aber einige Sukkulenten auch von Parasiten heimgesucht. Einige Gattungen der *Cactaceae* (Kakteen) werden von braunen, schuppigen Schildläusen besiedelt. Man kann sie vertreiben, indem man die Pflanze mit Öl bepinselt, das auch zwischen die Dornen dringt. Noch lästiger sind die Woll-Läuse, die vorzugsweise sehr fleischige Pflanzen wie die Kakteen, *Mesembryanthemaceae* oder *Crassulaceae* besiedeln. In diesem Fall ist Abhilfe schwierig, weil die dichte Behaarung der Läuse das Öl nicht eindringen läßt. Zudem verunstaltet man mit dem Öl die samtene Erscheinung der Pflanze. So bleibt nichts anderes als aufzupassen, bevor starker Befall auftritt. Entdeckt man das Auftreten dieser Schädlinge, vernichtet man sie mit einem alkoholgetränkten Wattebausch. Außerdem verweisen wir auf die chemischen und biochemischen Schädlingsbekämpfungsmittel, die im Handel erhältlich sind.

«Wüstengärtchen» und ihre Zusammenstellung

Es ist heute Mode, die Sukkulenten nicht mehr einzeln in einem Gefäß zu halten, wie es in Sammlungen der Fall ist. Der Liebhaber vereinigt sie vielmehr nach seinem Gutdünken in einem Gefäß, ohne ihrer Herkunft und ihrer botanischen Einteilung Rechnung zu tragen. So entstehen Kompositionen, die oft als Wüstengärtchen bezeichnet werden. Wie schön auch das Formenspiel einer solchen Zusammensetzung sein mag, so müssen bei der Auswahl der einzelnen Stücke doch einige Punkte berücksichtigt werden. Erstens sollte man keine seltenen und empfindlichen Pflanzen beieinander halten, weil sie besser gepflegt werden können, wenn man ihnen separat einen Platz zuweist. Wegen der großen Vielfalt, die selbst in einer Gattung auftreten kann, gibt es zudem Pflanzen mit schnellem Wachstum, die andere behindern würden. Andere entwickeln wiederum ein

Links: Beispiel für ein «Wüstengärtchen» mit Sukkulenten.

Unten: Diese Schale wird, obwohl sie eher groß ist, nach zwei bis drei Jahren wieder neu zusammengestellt werden müssen. In der Schale findet man zwei *Astrophytum,* zwei Hybride von Gattungen, die mit *Cereus* verwandt sind, *Ruschia perfoliata, Euphorbia submammillaris, Aloe capitata* und *Echeveria derenbergii.* All diese Pflanzen lieben die Sonne. Obwohl die Kakteen sehr langsam wachsen, neigt *Ruschia* dazu, im unteren Teil die Blätter zu verlieren, so daß man sie stutzen muß. *Aloe* und *Echeveria* muß man durch ganz neue Exemplare ersetzen, da erstere viele Ausläufer bildet und letztere buschig wird. Die neuen Pflanzen gewinnt man am besten durch Stecklinge.

üppiges Wurzelwerk und verdrängen dadurch die schwächeren. Es ist daher ratsam, nicht Stecklinge zu verwenden, von denen man nicht so recht weiß, wie mächtig die entstehende Pflanze wird. Im allgemeinen kann man bedenkenlos alle kugeligen und säuligen Kakteen verwenden, denn ihr Wachstum ist äußerst bescheiden. Anders verhält es sich bei den Opuntien! Deren Glochiden, die man auf den ersten Blick fast nicht bemerkt, werden leicht beschädigt. Außerdem entwickeln sich die zylindrischen Formen zu großen Pflanzen, und bei den kleinen mit schaufelförmigen Sproßgliedern weiß man nie, in welche Richtung diese ausgesandt werden.

Viele *Sedum* wie *S. adolphi, S. morganianum* und *S. treleasei* wachsen schnell und verzweigen sich stark, ebenso die meisten *Kalanchoe.* Unter den *Aloe* ist *Aloe arborescens* die mächtigste. Sie bildet auch übermäßig viele Seitentriebe. *Agave americana* und ähnliche haben an der Blattspitze einen gefährlichen Dorn. Auch breitet sich die Pflanze aus, und ihre zähen Wurzeln wuchern hartnäckig. Für die Anlage eines kleinen Wüstengartens gelten im übrigen die gleichen Erfordernisse wie für die Einzelkultur: guter Wasserabfluß, sandige Erde und reichlich frische Luft.

Die Gefäße können Tonschalen, rechteckige oder viereckige Kistchen sein. Die Blumenhändler verkaufen auch Kompositionen in Glasschalen. Wie anmutig dies auch sein mag: solche Schalen sind eher unnatürlich und meist von kurzer Lebensdauer. Besteht das Gefäß aus undurchlässigem Material, verzichtet man besser auf die weniger seltenen *Mesembryanthemaceae* – z. B. also auf *Faucaria* –, da sie schnell faulen würden. Die Komposition kann mit kleinen Gesteinsbrocken

Rechts: Eine absichtlich schlichte Komposition. Während die schlanke Euphorbie und der kleine Kaktus lang in diesem Gefäß verbleiben können, muß die *Kalanchoe blossfeldiana,* deren Blüten nach einigen Jahren unansehnlicher werden, gegen einen Kaktus oder eine Euphorbie ausgetauscht werden.

Unten: Eine Schale mit *Echeveria, Crassula falcata* und einem Kaktus. Obwohl alle Pflanzen ähnliche Bedingungen verlangen, wird man auch hier die *Echeveria* durch eine andere ersetzen müssen. Mit der Zeit bildet sie nämlich einen Sproß und verliert ihre geschlossene Rosettenform.

und dürren, krummen Ästen bereichert werden. Streut man auf die Oberfläche Kies, vermindert sich die Wasserverdunstung, so daß dementsprechend auch die Wassergaben verringert werden müssen. Im weiteren sollte man sich auch merken, die Pflanzen nicht zu dicht zu setzen. Es muß zwischen den einzelnen Exemplaren immer noch genügend Freiraum verbleiben. Verwendet man für die Komposition Pflanzen aus kleinen Töpfchen, kann man folgendes Vorgehen wählen. Man füllt die Schale ein wenig mit Erde auf und befeuchtet diese. Danach stellt man die kleinen Topfpflanzen in die befeuchtete Erde und füllt die Schale mit Erde auf. Die Erde muß gut angedrückt werden. Darauf hebt man die Töpfe wieder heraus, und mit den verbliebenen Löchern kann man nun jede Komposition ausprobieren. Hat man die zusagende gefunden, nimmt man die Sukkulenten aus dem Topf und pflanzt sie endgültig in die Schale. Zuletzt ist noch daran zu erinnern, daß man Pflanzen, welche die pralle Sonne lieben, nicht mit solchen zusammenbringt, welche sie eher fürchten: *Gasteria* und *Echeveria* gehören aus diesem Grund nicht zusammen. Will man die erstere einer Pflanze mit Rosettenform zugesellen, empfiehlt sich eine *Haworthia* dafür. Beide verlangen wenig Sonne. Man sieht, für solche Kompositionen braucht es viel Geschmack und Phantasie, aber auch viele Kenntnisse. Diese lassen sich indes nur dann erwerben, wenn man die Pflanzen einzeln kultiviert.

Kakteen und andere Sukkulenten

▲ *Acanthocalycium violaceum*

Familie: *Cactaceae* (Tribus *Cereae,* Subtribus *Echinopsidinae).* Wo bei den folgenden *Cactaceae* die Tribus und Subtribus angegeben ist, handelt es sich natürlich immer um solche, die der Unterfamilie *Cactoideae* angehören.
Name: Stammt vom griechischen *ákantha,* «Dorn», weil die Blüten von Dornen umgeben sind, und *calyx,* «Kelch».
Beschreibung: Diese Pflanze mit kugeligem Körper, der allmählich zylindrisch werden kann, ist der Gattung *Echinopsis,* zu der Rowley sie zählt, ähnlich. Der Körper ist gelblich bis olivgrün, hat etwa fünfzehn durchgehende, zwischen den Warzen dünner werdende Rippen. Der Warzenspitze entspringt eine filzige Areole mit acht radiären flachliegenden Dornen, einem hakenförmigen an der Basis und einem zentralen Dorn. Die Blüten erscheinen an den oberen Areolen seitlich des Scheitels, sind violett und bilden eine kurze Röhre.
Verbreitungsgebiet: Argentinien, bei Córdoba.
Vermehrung: Durch Samen.

▸ *Adromischus cooperi*

Familie: *Crassulaceae*
Name: Vom griechischen *adrós,* «dick», und *míschos,* «Stengel», wegen des dicken Blumenstengels.
Beschreibung: Diese Art entwickelt mit der Zeit einen kurzen und dicken Sproß, auf dem stark fleischige Blätter sitzen. Diese sind beidseitig angeschwollen, am Blattgrund dünner und am oberen, kammähnlichen Rand abgeflacht. Ihre Farbe ist graugrün mit dunklen Flecken. Dem Rand zu stehen diese gedrängter; bei ihrem Erscheinen sind sie rosa, später braun-violett. Die Pflanzen verzweigen sich und neigen dazu, buschig zu werden. Hält man sie in zu kleinen Töpfen, bleiben die Blätter kleiner und unansehnlich. Die Blüten, zu Blütenständen vereinigt, sind unscheinbar und erscheinen in Kultur selten. Die Pflanze wird der Blätter wegen gehalten.
Verbreitungsgebiet: Sie gedeiht in sonnigen, trockenen Gebieten der Kap-Provinz in Südafrika. Ihrer natürlichen Umgebung gemäß verlangt sie sehr viel Sonne und selbst im Sommer wenig Wasser.
Vermehrung: Im Sommer durch Blattstecklinge, die sich am Schatten auf leicht feuchtem Sand bald bewurzeln. Auf gleiche Weise kann man sie durch Seitentriebe vermehren.

◂ *Aeonium arboreum*

Familie: *Crassulaceae*

Name: Von griechisch *aiónios,* «unsterblich». Diese Gattung zählte einst zu *Sempervivum,* und als sie selbständig wurde, wollte man mit dem neuen Namen der alten Gattung gedenken und die botanische Verwandtschaft zu ihr ausdrücken.

Beschreibung: Diese Art hat einen dicken sukkulenten Sproß, der über einen Meter Länge erreichen kann. Der Stamm ist mit einer breiten Rosette von grünen, an den Rändern leicht weißbehaarten Blättern bekränzt. Aus der Mitte der Rosette entwickelt sich gegen Ende des Frühlings ein kolbenförmiger Blütenstand, getragen von einem dicken fleischigen Stengel. An diesem erscheinen kleine, regelmäßig angeordnete Deckblätter, während die Rosettenblätter langsam verdorren, bis am Ende der Blütezeit die Rosette verschwunden ist. Der Blütenstand kann bis dreißig Zentimeter hoch sein und ist dicht mit goldgelben Blüten bedeckt, die zehn bis fünfzehn flach ausgebreitete Blütenblätter aufweisen.

Verbreitungsgebiet: Marokko.

Vermehrung: Mittels Seitentrieben oder im Frühling durch Samen.

▴ *Aeonium arboreum var. atropurpureum*

Familie: *Crassulaceae*

Beschreibung: Auch diese Varietät weist die charakteristische Rosette aus fleischigen, leicht gebogenen Blättern mit rundlich-stumpfer Spitze auf. Der Hauptsproß ist bräunlich, nackt und glatt, nur von den Narben der abgefallenen Blätter gezeichnet. Die Farbe variiert von dunkelrot bis violett, wobei die Blattränder weiß behaart sind, vielfach aber auch rötlich getönt. Die neuerscheinenden Blätter sind fast immer grün und am Rand rötlich getönt. Die Pflanze verzweigt sich leicht, blüht aber weniger oft als die anderen Vertreter dieser Art. Wie bei der ganzen Gattung bleicht direkte Sonnenstrahlung ihre Farbe aus, und die Pflanze wird dann teilweise wieder grün. Am besten ist Streulicht, denn so erhalten sich die Farben, und die Rosette bleibt kompakter.

Verbreitungsgebiet: Nordafrika, ist aber im ganzen südlichen Mittelmeerraum heimisch geworden und überlebt im Freien überall dort, wo kein Frost auftritt.

Vermehrung: Durch Stamm- und Zweigstecklinge in leicht feuchter, sandiger Erde oder auf feuchtem Sand.

▲ *Aeonium sedifolium*

Familie: *Crassulaceae*
Beschreibung: Kleine, besonders für die Topfkultur geeignete Pflanze von höchstens fünfzehn Zentimeter Höhe, sehr verzweigt, mit dünnen braunen und krummen Ästchen, die eine Rosette ovaler Blätter von höchstens einem Zentimeter Länge tragen. Ihre Farbe ist ein glänzendes Grün, in der Mitte verläuft längs ein roter Streifen, der bei genügend Licht und Sonne braun werden kann. Bei Berührung sind die Blätter leicht klebrig. Diese Art wächst im Winter und blüht im Frühling. Die Blüten sind klein, goldgelb und sprießen in den Blattachseln. Die Ruhezeit ist im Sommer und Herbst. In dieser Zeit schließen sich die Rosetten, und viele Blätter verdorren. Um die Pflanze am Leben zu erhalten, sollte sie dann hie und da besprüht und schwach gegossen werden. Wenn die Blätter wieder anschwellen, muß man die Wassergaben ständig erhöhen, bis man schließlich die Pflanze regelmäßig gießt.
Verbreitungsgebiet: Kanarische Inseln. Dort wächst sie in felsigen Schluchten, größtenteils vor der Sonne geschützt. Im Sommer verträgt sie deshalb die sengende Sonne nicht.
Vermehrung: Durch Seitentriebe in feuchtem Sand, vorzugsweise im Frühling oder Herbst.

▼ *Agave americana marginata*

Familie: *Agavaceae*
Name: Vom griechischen agauós, «bewundernswert, vortrefflich», wegen der Schönheit der blühenden Pflanze.
Beschreibung: Diese Pflanze wurde erstmals nach der Eroberung Mexikos nach Europa gebracht. 1561 zog sie der Botaniker G.A. Cortuso in seinem Garten in Padua, und die Verbreitung vollzog sich sehr schnell. Schon 1730 war sie am Gardasee heimisch geworden. Die Art bildet stammlose schlaffe Rosetten aus lanzenförmigen, grüngrauen und bis zu zwei Meter langen sukkulenten Blättern. Sie blüht nur einmal. Wenn sie ein Alter von zehn Jahren oder mehr erreicht hat, bringt sie einen kolbenförmigen hohen Blütenstand von creme-weißer Farbe hervor. Danach stirbt die Pflanze ab. Zuvor sendet sie Ausläufer aus, so daß das Fortbestehen dennoch gewährleistet ist. Die Varietät *marginata*, die weiß- oder gelbgeränderte Blätter aufweist, verträgt bei trockenem Überwinterungsplatz auch einige Grade unter dem Gefrierpunkt. Wo es das Klima erlaubt, sollte sie am besten im Freien gehalten werden.
Verbreitungsgebiet: Mexiko, hat sich aber im ganzen Mittelmeerraum eingebürgert.
Vermehrung: Durch Abtrennen von Ausläufern.

▸ *Agave attenuata*

Familie: *Agavaceae*

Beschreibung: Wegen der großen Anzahl Arten, die dieser Gattung angehören, ist es enorm schwierig, die Agaven auseinanderzuhalten. *Agave attenuata* ist hingegen eine unverwechselbare Pflanze, besonders in adultem Zustand, wenn der charakteristische Blütenstand erscheint. Die Blattrosette ist ausnehmend groß, und der Stamm, der an ihrer Basis gebildet wird, kann 1.50 Meter erreichen und ist manchmal halb ausgestreckt. Die zugespitzten Blätter, in der Mitte am breitesten, sind von dünnem, grünlichem und weichem Gewebe und ganz unbewehrt. Sie können eine Länge von einem Meter erreichen. Der Blütenstand, der sich aus der Mitte der Rosette entwickelt, steht anfangs aufrecht, biegt sich dann aber. Er kann drei Meter lang werden. Die auf der Ähre dicht gedrängten Blüten sind gelblichgrün, etwa fünf Zentimeter lang und haben Deckblätter an der Basis. Nach der Blüte erscheinen die Früchte in Form von Kapseln. Dazwischen findet man gelegentlich dicke Knollen, die für die Vermehrung verwendet werden können.

Verbreitungsgebiet: Mexiko.

Vermehrung: Diese Art bildet Seitensprosse. Wenn solche auftreten, können sie für die Vermehrung verwendet werden, ebenso die Brutknospen am Blütenstand. Natürlich kann die Reproduktion auch durch Samen erfolgen. Das Wachstum ist aber sehr langsam.

▾ *Agave bracteosa*

Familie: *Agavaceae*

Beschreibung: Kleine stammlose Art mit charakteristischer Blattrosette. In der Mitte der Pflanze sind sie eng gebogen und ineinandergeschachtelt. Mit dem Wachstum verbreitet sich die Rosette, und die Blätter befreien sich bis zur Ansatzstelle. So stehen sie waagrecht, halb ausgestreckt und immer nach außen gebogen. Die Blattspreite ist schmal und hat eine sehr dünne Spitze. Die Farbe ist ein bleiches Grün, die Oberfläche rauh, aber völlig unbewehrt; die Blattränder sind fein gezähnt. Bei der erwachsenen Pflanze sind die Blätter an die vierzig Zentimeter lang. Das Wachstum ist sehr langsam, und Ausläufer erscheinen nur an älteren Exemplaren. Aus diesem Grund ist diese Pflanze wenig verbreitet, obwohl sie für die Topfkultur geeignet wäre.

Verbreitungsgebiet: Sie ist in Nordostmexiko, im Staate Nuevo León, beheimatet, zwischen der östlichen Sierra Madre und dem Meer. Liebt sonnige Plätze und duldet weder Frost noch hohe Feuchtigkeit.

Vermehrung: In Kultur ist es selten, daß die Pflanze zum Blühen kommt. Trotzdem ist die Vermehrung durch gekauften Samen möglich. Man kann sie aber auch durch Ausläufer oder Seitensprosse vermehren, die sich im Sommer in sandiger Erde leicht bewurzeln.

▸ *Agave filifera*

Familie: *Agavaceae*

Beschreibung: Bildet eine eher niedrige Rosette aus dünnen, höchstens sechzig Zentimeter langen Blättern. Die Rosette ist sehr kompakt, und die Blätter stehen in der Sonne aufrecht, während sie sich im Streulicht etwas ausbreiten. Die Blattspreite ist rauh, grün. In reifem Zustand weist sie weiße, sich zur Spitze hin kreuzende Linien auf, und der Rand ist ebenfalls von einer dünnen Linie eingefaßt, die sich von Zeit zu Zeit als weißer Faden ablöst. Auf der Blattspitze sitzt ein graubrauner Dorn, der sich bei Berührung biegt. Die Pflanze bildet gerne größere Polster, indem sie zahlreiche Ausläufer aussendet. Das Wachstum ist jedoch langsam. Die Blüten sind braun und zu großen Blütenständen vereinigt. Wird diese Pflanze im Herbst trocken gehalten, verträgt sie niedrige Temperaturen sehr gut.

Verbreitungsgebiet: Mexiko.

Vermehrung: Durch Ausläufer. Von dieser Art existieren verschiedene Varietäten. Darunter findet man *filamentosa* mit etwas breiteren Blättern und *compacta* mit kurzen. Überdies gibt es sehr dekorative Varietäten mit markanten weißen Fasern an den Blatträndern.

▾ *Agave parviflora*

Familie: *Agavaceae*

Beschreibung: Es ist eine zierliche kleine, kompakte Pflanze. Wenn sie ausgewachsen ist, erreichen die Rosettenblätter eine Länge von zehn bis fünfzehn Zentimetern. Sie sind leicht gebogen, eines über dem andern liegend. Der Blattgrund ist breit, und die unteren Blattränder sind gezähnt; die obere Hälfte des Blattes ist halb aufgerichtet und läuft, sich zuspitzend, in einen graubraunen Dorn aus. Die beiden Blattseiten sind mit weißen Linien gezeichnet, die auf jeder Seite in Gegenrichtung zusammenlaufen. Der Blattrand ist von einer weißen Linie eingefasst, die sich fädig in gleich langen Stücken ablöst. Der Blütenstand kann einen Meter hoch werden, ist dünn und besteht aus ganz kleinen, röhrenförmigen grünlichen Blüten. Die Pflanze bildet nur gelegentlich Ausläufer, und dies einzig in ausgewachsenem Zustand. Sie ist deshalb selten in Kultur.

Verbreitungsgebiet: Von Arizona bis ins nördliche Mexiko (Staaten Sonora und Chihuahua). Es ist eine gebirgige Gegend, die von der Hochebene des Colorado bis zur westlichen Sierra Madre reicht.

Vermehrung: Durch Ausläufer oder Samen.

▸ *Agave victoriae-reginae*

Familie: *Agavaceae*

Beschreibung: Diese Pflanze ist niedrig, stammlos; ihre dicken, äußerst rauhen Blätter sind von zäher, lederartiger Beschaffenheit und vereinen sich zu einer kompakten Rosette. Die Blattoberseite ist flach, die Unterseite bildet einen Kiel, so daß das Blatt einen dreieckigen Querschnitt aufweist. Die Blattspreite ist dunkelgrün, mit hervortretenden weißen Streifen, die unregelmäßig gegen die Spitze hin zusammenlaufen. Auf der Gegenseite erscheinen dünne weiße Erhöhungen, von denen die mittlere einen feinen Kamm bildet. Die weiße Linie am Blattrand ist unbewaffnet, aber die Blattspitze trägt einen rauhen, schwarzen, kurzen Dorn. Das Wachstum ist sehr langsam, so daß auch alte Exemplare in Töpfen gehalten werden können. Ausläufer erscheinen selten. Eine nahe Verwandte ist *Agave ferdinandi-regis,* die das gleiche Areal bewohnt und sehr ähnlich ist, aber eine weniger kompakte Rosette aufweist und drei Dornen an der Blattspitze hat.

Verbreitungsgebiet: Nord- und Nordostmexiko, wo sie eine lange Ruhezeit hat. Die Pflanze scheut die Kälte.

Vermehrung: Durch Samen, oder wenn welche gebildet werden, durch Ausläufer.

◂ *Alluaudia procera*

Familie: *Didiereaceae*
Name: Abgeleitet vom Namen des französischen Naturforschers Charles Alluaud, der in der zweiten Hälfte des 19. Jahrhunderts lebte.
Beschreibung: Sehr selten in Kultur. Als junge Pflanze kann sie im Topf gehalten werden und erinnert dabei an eine *Euphorbia milii.* In ihrem natürlichen Verbreitungsgebiet ist es aber ein Baum, der über zehn Meter hoch werden kann. Die Zweige sind innen fleischig und außen von einer Korkschicht umgeben. Sie tragen lange kräftige Dornen und sukkulente, ellipsenförmige, fast ungestielte Blätter von etwa drei Zentimeter Länge. Wenn die jungen Blätter erscheinen, liegen sie waagrecht, richten sich aber dann allmählich auf. Die Blüten, die in Kultur nie erscheinen, sind eingeschlechtig, sehr klein und unauffällig.
Verbreitungsgebiet: Diese Pflanze stammt aus dem Südwesten Madagaskars, wo eine ausgesprochen xerophytische Vegetation vorherrscht. Nur in den Tiefen der Täler findet man nichtlaubabwerfende Pflanzen. Wie viele andere verlieren auch die Vertreter dieser Familie für mehr oder weniger lange Perioden ihre Blätter, je nach Ausmaß der Trockenheit.
Vermehrung: Durch Stecklinge junger Zweige. Es muß besonders auf die Fäulnisgefahr geachtet werden!

▴ *Aloe ciliaris*

Familie: *Liliaceae*
Name: Die Gattung war schon den Griechen der Antike bekannt, die sie *alóe* nannten. Diese Bezeichnung hat vermutlich im Arabischen oder Hebräischen ihren Ursprung, wo sie die Bedeutung von «bitter» hatte. Sie nimmt damit Bezug auf die Eigenschaften des Saftes.
Beschreibung: Sehr zierliche Pflanze mit langen dünnen Sprossen, die anfänglich aufrecht wachsen, nach und nach aber einer Stütze bedürfen. Die Blätter an der unteren Sproßhälfte verdorren mit der Zeit, erhalten sich in der oberen Hälfte in ziemlich weitem Knotenabstand und sind an der Spitze eng zu einer Rosette zusammengerückt. Sie sind weder ausgesprochen fleischig noch lang, und ihre Anordnung ist spiralig. Die dunkelgrüne Blattspreite ist dem Rande entlang mit kleinen, weißen Zähnchen bewaffnet, und sie umschlingt an ihrer Ansatzstelle den Sproß vollständig wie ein Grasblatt den Halm. Die röhrenförmigen Blüten sind rot mit grünlichen Lappen und zu traubigen Blütenständen in den Blattachseln vereinigt. Die Blütezeit ist im Winter. Die Pflanze verzweigt sich stark, und obgleich sie keine große Kälte verträgt, kann sie in milden Klimaten an einer schützenden Mauer gehalten werden.
Verbreitungsgebiet: Südafrika, Vorland der Ostküste.
Vermehrung: Durch Kopfstecklinge und Stecklinge von Seitenzweigen.

▼ *Aloe jucunda*

Familie: *Liliaceae*
Beschreibung: Pflanze von Zwerggestalt mit einer Rosette sehr fleischiger Blätter, die am Blattgrund breit sind und zu einer dünnen Spitze auslaufen. Die Blattspreite ist dunkelgrün und mit länglichen weißen Flecken versehen. Die kleinen dornigen Zähnchen am Blattrand sind an schattigen Standorten weiß, an der Sonne rötlich. Die Blüten, in den Blattachseln zu Blütenständen vereinigt, sind rosa, aber es ist unwahrscheinlich, daß sie bei Topfkultur erscheinen. Dennoch hält man diese Pflanze am besten in Töpfen, da sie kaum einige Zentimeter hoch wird. Um ein zu buschiges Auswachsen zu verhindern, sollten aus der Erde wachsende Seitentriebe entfernt werden.
Verbreitungsgebiet: Somalia.
Vermehrung: Am besten durch bewurzelte Ausläufer.

▲ *Aloe concinna*

Familie: *Liliaceae*
Beschreibung: Diese zierliche Aloe erreicht besonders in Kultur keine großen Ausmaße, so daß sie sich gut für die Topfkultur eignet. Sie wächst ziemlich aufrecht, benötigt aber mit der Zeit eine Stütze. Der eher dünne Sproß entblößt sich am untern Teil langsam, behält aber am Scheitel eine Rosette fleischiger Blätter, die sich nach außen biegen. Sie sind von weißen Flecken übersät, und der Blattrand ist gezähnt, wobei die Zähne höchstens schwach bedornt sind. Da sie Ausläufer aussendet, wird der nackte Stamm einer erwachsenen Pflanze von den jüngeren Rosetten verdeckt. Die roten röhrenförmigen Blüten werden von einem langen Blütenstand getragen, der aus der Mitte der Rosette entspringt. Das Wachstum der Pflanze ist langsam; sie verträgt keinen Frost.
Verbreitungsgebiet: Insel Sansibar.
Vermehrung: Durch Ausläufer oder Stecklinge vom Sproß, wenn dieser zu lang wird und geschnitten werden muß. Die alte Pflanze wächst danach ebenfalls wieder neu.

▸ *Aloe saponaria*

Familie: *Liliaceae*
Beschreibung: Attraktive und sehr robuste Pflanze, die sich für die Topfkultur eignet, in milden Klimaten aber auch an geschützten Orten im Freien gehalten werden kann. Die dicke Blattrosette entwickelt mit der Zeit einen kurzen, bis zu sechzig Zentimeter langen Stengel. Die Pflanze bildet unterirdische Ausläufer, die in einiger Entfernung neue Rosetten entstehen lassen, so daß mit der Zeit ein Buschwerk entsteht. Die stark fleischigen Blätter sind kurz, fast dreieckig, leicht einwärts gewölbt und geschweift. Die grünlichen Blätter werden an der Sonne bronzefarben; die Spreite ist weiß gefleckt, wobei die unregelmäßigen länglichen Flekken zu Querstreifen angeordnet sind. Die Zähne an den Blatträndern sind rotbraun und tragen kurze rauhe Dornen. Der verzweigte Blütenstand kann fünfzig Zentimeter hoch werden, und die roten hängenden Blüten sind röhrenförmig mit kleinen gelben oder grüngelben Läppchen. Die erwachsene Pflanze blüht auch in Kultur, wenn sie in einem angemessen großen Topf gehalten und vor Frost geschützt wird.
Verbreitungsgebiet: Südafrika, in den Provinzen Natal und Transvaal zwischen Felsen und Steinhaufen.
Vermehrung: Durch Ausläufer oder Samen.

◂ *Aloe striata*

Familie: *Liliaceae*
Beschreibung: Die Blätter der jungen Pflanze stehen in zwei Reihen gegenständig, ordnen sich allmählich aber spiralig an und formen eine große Rosette, die eine etwa zwanzig Zentimeter lange Hauptachse bilden kann. Die Spreite ist fleischig; der Blattgrund bildet eine Scheide um den Sproß. Gegen die Mitte zu verbreitert sich das Blatt und läuft nachher in eine Spitze aus. Die Blattoberseite ist leicht nach innen gewölbt. Die Farbe ist wegen des feinen Wachsüberzuges gräulich-grün. Die ungezähnten Blattränder sind ohne Dornen und von einer weißen Umrandung gezeichnet, die bei genügend Licht rosafarben wird. Die innersten Blätter stehen aufrecht, die älteren sind ausgebreitet und nach unten gebogen. Die hängenden, röhrenförmigen Blüten stehen in kurz verzweigten Blütenständen und sind rot bis korallenrosa. Die Pflanze bildet nur ausnahmsweise Ausläufer, jedoch häufig Seitensprosse.
Verbreitungsgebiet: Kap-Provinz in Südafrika.
Vermehrung: Durch Samen. Zahlreich sind die Kreuzungen mit *Aloe saponaria.*

▴ *Aloe variegata*

Familie: *Liliaceae*
Beschreibung: Obwohl diese Art von gleicher Herkunft ist wie alle andern und auch die gleichen botanischen Merkmale aufweist, ist sie besonders in nördlichen Ländern beliebt und verbreitet (man nennt sie wegen der Tüpfelung und Sprenkelung «Rebhuhnbrust»). In wärmerern Gegenden wie im Mittelmeerraum betrachtet man sie als schwer kultivierbar. Der Grund mag sein, daß die zahlreichen Hybriden Kreuzungen mit der Gattung *Gasteria* darstellen. Die Pflanze verträgt im Sommer keine volle Besonnung und fault, wenn sie an schattigen Standorten regelmäßig gegossen wird. Im übrigen ist sie stammlos, zwergwüchsig mit dunkelgrünen, rauhen, eng ineinandergeschachtelten Blättern, die mit länglichen, hellen, zu Querstreifen angeordneten Flecken übersät sind. Der feste Blattrand weist leichte Erhöhungen auf. In Kultur erreicht diese Pflanze kaum zwanzig Zentimeter Höhe und hat der Blattstellung wegen eine «V»-förmige Gestalt. Der lockere Blütenstand besteht aus hängenden röhrigen Blüten von roter oder rosaroter Farbe. Treibt durch Ausläufer entstandene Schößlinge aus. Da sie sich nur für die Topfkultur eignet, ist sie eine ausgesprochene Zimmerpflanze.
Verbreitungsgebiet: Kap-Provinz in Südafrika.
Vermehrung: Durch Ausläufer oder Samen.

▸ *Aporocactus flagelliformis*

Familie: *Cactaceae (*Tr. *Cereae,* Subtr. *Hylocereinae)*
Name: Setzt sich zusammen aus *áporos,* «undurchdringbar», und *cactus* wegen des Wirrwarrs der kriechenden Sprosse. Deutsch: «Schlangen-, Peitschen- oder Rattenschwanzkaktus».
Beschreibung: Die Pflanze besteht aus zylindrischen, kriechenden oder hängenden Sprossen, welche Luftwurzeln aussenden können. Diese Sprosse können einen Meter lang werden, haben etwa zehn Längsrippen und dicht gedrängte Areolen, deren weiche rötliche Dornen den ganzen Sproß bedecken. Die kleinen trichterförmigen, karminrosafarbenen Blüten, denen Früchte in Form kleiner roter, borstig behaarter Beeren folgen, erscheinen ohne große Schwierigkeiten auch in Topfkultur, sofern ihre Ruhezeit streng beachtet wird. Im Winter genügt es, diese Pflanze ohne viel Pflege an einem kühlen Ort zu halten.
Verbreitungsgebiet: Mexiko, Bundesstaat Hidalgo.
Vermehrung: Durch Sproßstecklinge, die im Sommer auf Sand gelegt und von Zeit zu Zeit leicht begossen werden.

▾ *Argyroderma orientale*

Familie: *Mesembryanthemaceae*
Name: Stammt vom griechischen *árghyros,* «Silber», und *dérma,* «Haut», wegen der silbrig-grauen bis olivgrünen Blattfarbe.
Beschreibung: Die Arten dieser Gattung sind sich alle sehr ähnlich und gleichen einem gespaltenen Kieselstein. In Wirklichkeit handelt es sich um zwei äußerst fleischige Blätter, die sich gegenüberstehen und am Blattgrund miteinander verwachsen sind. Die Blattoberseite ist ganz flach, während die Unterseite zum Halbzylinder gewölbt ist. Der Mitte entspringt die eher große rosafarbene Blüte mit zahlreichen strahlenförmigen Blütenblättern, welche die gelben Staubblätter umgeben. Wenn der nötige Raum vorhanden ist, bildet die Pflanze gerne einen Busch, und verdorrte Blätter werden durch ein neues Paar ersetzt. Diese erscheinen aber an der gegenüberliegenden Seite. Der größte Feind dieser Gewächse ist die Feuchtigkeit, weshalb sie bei zu hohen Wassergaben faulen. Im Sommer sollten sie unter der prallen Sonne dennoch genügend Wasser bekommen, da sonst die Blätter schrumpfen. Das Wasser darf aber nicht im Spalt liegenbleiben. Die Ruhezeit muß völlig ungestört bleiben, bis sich das Wiedererwachen bemerkbar macht.
Verbreitungsgebiet: Südafrika, nördliche Kap-Provinz.
Vermehrung: Meistens durch Samen.

▸ *Ariocarpus fissuratus*

Familie: *Cactaceae (*Tr. *Cacteae,* Subtr. *Cactinae)*
Name: Stammt von *aría,* der Bezeichnung, welche die Alten Griechen für eine Eichenart verwendeten und die Linné für die Mehlbeere *(Sorbus aria)* gebrauchte, die zu den Ebereschen gehört, und von *karpós,* «Frucht», da die Früchte denjenigen des Mehlbeerbaums ähnlich sind. Deutsch: «Felsblockkaktus», englisch: «Living rock».
Beschreibung: Dieser seltene und wunderliche Wüstenkaktus besteht aus einem sukkulenten Körper, der halb in der Erde steckt und dessen Oberfläche platt und höckerig ist. Unter der Erde geht er in eine dicke Wurzel über. Der oberirdische Teil kann einen Durchmesser von fünfzehn Zentimetern erreichen. Die dreieckigen Höcker sind rissig und bilden Längs- und Querfurchen. Der innere Teil ist etwas erhöht und besitzt wollige Areolen. Da die Pflanze ganz unbewaffnet und von grauer Farbe ist, läßt sie sich von der Umgebung fast nicht unterscheiden. Die *Ariocarpus*-Arten gehören denn auch zu den sogenannten Mimesekakteen. Die Blüten, die aus der Mitte entspringen, sind groß und weiß bis purpurfarben. Dieser sehr seltene Kaktus wächst äußerst langsam, verlangt viel Sonne und hat eine lange Ruhezeit.
Verbreitungsgebiet: Von den Kalkhügeln am Rio Grande in Texas, nördlich von Laredo, bis in den Nordwesten Mexikos.
Vermehrung: Durch Samen im Frühling.

◂ *Astroloba deltoidea*

Familie: *Liliaceae*
Name: Stammt vom griechischen *ástron,* «Stern» und *lobós,* «Lappen», wegen der sternförmig angeordneten Lappen der Blütenhülle. Die Gattung hieß einst *Apicra,* und man findet diese Bezeichnung heute noch.
Beschreibung: Diese kleine Sukkulente, welche eine Rosette ineinandergeschachtelter Blätter hervorbringt, erreicht eine Höhe von fünfzehn bis zwanzig Zentimetern und ähnelt den *Aloe* und *Haworthia,* aber ihre Blüten sind regelmäßig mit fünf kleinen breiten Lappen. Die rauhen, dreieckförmigen grünen Blätter sind leicht gekielt und spiralig angeordnet. Diese Art hat viele Hybriden aufgrund der Kreuzungen mit *Haworthia.* Alle können auch als Zimmerpflanzen gehalten werden und sollten im Freien nicht der prallen Sonne ausgesetzt werden, da die Blätter sonst bräunlich werden und halb verdorren. Bei guter Haltung bildet diese Pflanze leicht einen Busch.
Verbreitungsgebiet: Kap-Provinz in Südafrika.
Vermehrung: Durch grundständige Seitentriebe oder durch Stecklinge der oberen Rosettenblätter. Im zweiten Fall bildet die Mutterpflanze an der Basis neue Seitentriebe.

▴ *Astrophytum asterias*

Familie: *Cactaceae* (Tr. *Cacteae,* Subtr. *Cactinae)*
Name: Zusammengesetzt aus dem griechischen *ástron,* «Stern», und *phytón,* «Pflanze», wegen der sternförmig angeordneten Längsrippen aller Vertreter der Gattung. Deutsch: «Seeigelkaktus».
Beschreibung: Eher kleine Pflanze mit kugeligem Körper, der stets breiter als lang ist und in Kultur kaum fünf Zentimeter hoch wird. Am Scheitel leicht eingesenkt, weist er acht breite, schwach erhobene Rippen auf, auf denen die weißwolligen, dornenlosen Areolen sitzen. Diese sind sternstrahlenförmig angeordnet und heben sich vom dunkelgrünen, weißgepunkteten Untergrund ab. Die weißen Punkte sind kleine, erhabene Schuppen. Bei voller Sonnenbestrahlung bekommt die Pflanze einen bräunlichen Schimmer. Die Blüten, die am Schopf des Scheitels hervortreten, sind gelb mit rotem oder rötlichem Innern. Während der Trockenzeit zieht sich die Pflanze durch Schrumpfung ganz in die Erde zurück.
Verbreitungsgebiet: Mexiko (Tamaulipas, Nuevo León) bis Texas.
Vermehrung: Diese Pflanze ist extrem selten und bildet keine Seitentriebe aus. Für die Vermehrung bleibt somit nur der Samen. Die Früchte an den ausgewachsenen Pflanzen enthalten nur wenig Samen. Diese keimen sehr schnell, manchmal innerhalb von zwei Tagen, das weitere Wachstum vollzieht sich aber äußerst langsam.

▼ *Aztekium ritteri*

Familie: *Cactaceae (*Tr. *Cacteae,* Subtr. *Cactinae)*
Name: Diese im Jahre 1929 geschaffene Gattung ist einzeltypisch und besteht aus nur einer Art. Sie erhielt den Namen des einstigen Aztekenvolkes, weil die waagrechten flachen Furchen und Runzeln des Sprosses an charakteristische Reliefskulpturen des erwähnten Volkes erinnern.
Beschreibung: Der kugelige und gestauchte Sproß mit kurzer Rübenwurzel erreicht nie mehr als fünf Zentimeter Durchmesser. Ältere Exemplare verzweigen sich am Boden und bilden kleine Gruppen. Die Rippenzahl schwankt zwischen neun und elf, wobei die Rippen eine unregelmäßige Form haben und spitz auslaufen, aber nie mehr als einen Zentimeter erhöht sind. Die Farbe ist olivgrün, unterbrochen von dicht gedrängten Areolen, die von kurzen weißlichen Haaren bedeckt sind. Man findet auch ein bis vier Dornen, die nur vier Millimeter lang, abgeflacht und durchsichtig sind und die abgeworfen werden. Der ganze Sproß ist waagrecht gefurcht. Die Blüten haben weiße, rot gezeichnete äußere Blätter und völlig weiße innere Blätter. Die Frucht ist eine kleine rosafarbene Beere.
Verbreitungsgebiet: Wächst in Mexiko in der Provinz Nuevo León, auf steinigen trockenen Hügeln am Fusse der östlichen Sierra Madre.
Vermehrung: Die extrem seltene Pflanze vermehrt sich durch Samen und gepfropfte Seitensprosse; sie wächst außerordentlich langsam.

▲ *Astrophytum myriostigma*

Familie: *Cactaceae (*Tr. *Cacteae,* Subtr. *Cactinae)*
Beschreibung: Pflanze mit kugeligem, durch Rippen in scharfe Abschnitte gegliedertem Sproß. Der untere Sproßteil wird mit der Zeit zylindrisch, und darüber breitet sich die Bischofsmütze. Der Kaktus wird dieser Form wegen «Bischofsmütze» oder «Mitrakaktus» genannt. Die Form kommt durch fünf sehr fleischige, stark vorstehende Rippen zustande, die sich am Scheitel vereinigen. Auf den Rippengraten sitzen die wolligen Areolen. Die Sproßoberfläche ist von mikroskopisch kleinen, silberweißen wolligen Schöpfen bedeckt. Die Blüten, die den am Scheitel gelegenen Areolen entspringen, bilden eine kurze Röhre aus vielen schmalen, zugespitzten Kronblättern von leuchtendgelber Farbe. Es existieren von dieser Art verschiedene Formen, darunter *A. nudum* mit ganz grünem Sproß und doppelten Blüten und *quadricostatum* mit nur vier Rippen.
Verbreitungsgebiet: Zentralmexiko.
Vermehrung: Durch Samen.

◄ *Borzicactus samaipatanus*

Familie: *Cactaceae (*Tr. *Cereae,* Subtr. *Echinopsidinae)*
Name: Die Pflanze bekam ihren Namen zu Ehren des italienischen Botanikers Antonio Borzi (1852-1921), der die Botanischen Gärten von Messina und Palermo gegründet hat. Diese Art trug früher den Namen *Bolivicereus,* den man auch heute noch antrifft.
Beschreibung: Die Pflanze hat einen dünnen säuligen, olivgrünen Sproß mit zahlreichen markanten Rippen, auf denen die Areolen mit langen schrägstehenden Dornen sitzen. Der in der Mitte entspringende Dorn überragt alle andern, ist hellgelb und schimmert rötlich. Der Sproß neigt dazu, schief und gebeugt zu wachsen, und ältere Exemplare werden am Grund buschig. Die Blüten entspringen seitlich, in waagrechter Lage, und bilden eine Röhre, die mit Borsten und Haaren besetzt ist. Die ausgebreiteten Blütenblätter sind karminrot und etwa vier Zentimeter lang.
Verbreitungsgebiet: Bolivien (Dptm. Santa Cruz bei Samaipata), wo die Pflanze noch auf beachtlicher Höhe gedeiht. Man findet sie zusammen mit anderen Kakteen an trockenen Standorten. Sie verträgt bei völliger Trockenheit die Kälte gut.
Vermehrung: Durch Samen oder durch Sproßstecklinge, die im Sommer an einem schattigen Ort auf feuchten Sand gelegt werden.

▸ *Bowiea volubilis*

Familie: *Liliaceae*
Name: Der Name erinnert an James Bowie (1789-1869), der Südafrika und Brasilien bereiste und viele Pflanzen an den Botanischen Garten von Kew in London schickte.
Beschreibung: Diese Art, die einzige der Gattung, ist eine seltsame knollige Sukkulente. Die teilweise unterirdische Knolle ist üblicherweise grün und fest, kann aber ihre äußere Schicht abschuppen und eine dürre Schale bilden. Sie vermag sich zu teilen und treibt alljährlich einen fleischigen kletternden Sproß aus. Dieser wächst in Windungen bis zu einer Länge von 2.50 Meter und verzweigt sich in unregelmäßigen Abständen, so daß ein Wirrwarr von blattlosen, sich um Stützen windenden dünnen Zweigen entsteht. An den Spitzen kommen kleine, grünlichweiße, unscheinbare Blüten zum Vorschein, welche die Samenkapseln hervorbringen. Die Pflanze ist einer Sommerruhe unterworfen. Während dieser Zeit verdorren die Zweige, und die Knolle muß bis zur neuen Vegetationszeit im Herbst ganz trocken gehalten werden.
Verbreitungsgebiet: Afrika, Tansania.
Vermehrung: Durch Samen oder durch das Abtrennen von Seitenzwiebeln. Direkte Sonnenbestrahlung liebt die Pflanze nicht.

▸ *Caralluma plicatiloba*

Familie: *Asclepiadaceae*
Name: Aus der Eingeborenensprache.
Beschreibung: Niedrige verzweigte Pflanze mit aufrechten grünlichen, leicht behaarten Trieben, die mit der Reife glatt und grau werden. Die Triebe haben einen viereckigen Querschnitt, und an den Ecken erscheinen runde Zähne mit einer weißlichen Narbe anstelle der Blätter. Die ungestielten Blüten erscheinen am obersten Sproßteil, wobei sich fünf bis zwölf zu einem schirmförmigen Blütenstand vereinigen. Die dreieckigen Kelchblätter sind grün. Die glockige Krone ist ungefähr einen Zentimeter lang und hat spitz auslaufende Lappen mit weißen schwingenden Wimpern an den Rändern. Die Außenseite ist glatt mit einem Mittelnerv auf der Rückseite jedes Lappens. Die Innenseite ist behaart, gelblich mit purpurnen Flecken. Im Schlund der Blüte sind zwei Kränze; der äußere hat zweigeteilte orangene Läppchen mit violetten Flecken, der innere zeigt die Läppchen an den Staubblättern.
Verbreitungsgebiet: Diese Pflanze, die in Südwestarabien, in der Zone um Aden vorkommt, wurde erst 1961 entdeckt.
Vermehrung: Durch Samen und Stecklinge. Die Pflanze ist gegen Feuchtigkeit empfindlich und verlangt eine lange Ruhezeit.

◂ *Caralluma russelliana*

Familie: *Asclepiadaceae*
Beschreibung: Staudige Pflanze mit fleischigem, aufrechtem, blattlosem Sproß von viereckigem Querschnitt und markanten unregelmäßig gezähnten Erhebungen. Er erreicht einen Durchmesser von zwölf Zentimetern. Die Blüten stehen in einem großen Blütenstand am Scheitel des Sprosses. Die Einzelblüten sind klein und haben eine verwachsene Krone mit fünf breiten, innen leicht behaarten Lappen. Die Farbe ist dunkelviolett bis rötlich-schwarz. Die Frucht ist eine lange, dünne und glatte Balgkapsel.
Verbreitungsgebiet: Die Gattung kommt in einem Gebiet vor, das sich vom Mittelmeer und den Kanarischen Inseln bis nach dem südlichen Afrika, Arabien und Indien erstreckt. Die hier erwähnte Art stammt aus Kenia, wo sie in den trockenen Gegenden zu Äthiopien hin östlich des Rudolfsees wächst. Sie benötigt milde Winter, eine lange Ruhezeit und vorsichtige Wassergaben.
Vermehrung: Durch Samen. Die Pflanze ist auch in der Natur selten.

▲ *Carpobrotus acinaciformis*

Familie: *Mesembryanthemaceae*
Name: Zusammengesetzt aus griechisch *karpós,* «Frucht», und *brotós,* «eßbar», wegen der eßbaren Früchte, die einige Arten hervorbringen. Diesen Namen schuf zu Anfang unseres Jahrhunderts der englische Botaniker Nicolas Edward Brown (1849-1934); er trat anstelle der früheren Bezeichnung *Mesembryanthemum.*
Beschreibung: Diese sukkulente Pflanze breitet sich teppichartig aus. Sie ist stark verzweigt, und ihre gegenständigen, mit dem Sproß starr verwachsenen Blätter sind sehr fleischig und von dreieckigem Querschnitt. Die Blattoberfläche ist glatt, die Unterseite gekielt und der Kielrand rauh. Die Blattfarbe ist grün bis bräunlich. Die Blüten, die am Scheitel erscheinen, bilden einen Kelch aus zahlreichen schmalen, karminroten bis purpurnen Kronblättern von seidigem Aussehen. Am Grund des Kelches stehen die vielen goldgelben Staubblätter. Diese Pflanze, die im Mittelmeerraum heimisch geworden ist, findet man in Küstengärten auf Sandböden und auf Felsen kriechend.
Verbreitungsgebiet: Die trockenen Zonen Südafrikas südlich des Oranje-Flusses.
Vermehrung: Sehr einfach durch Stecklinge von Sproßstücken.

► *Carruanthus caninus*

Familie: *Mesembryanthemaceae*
Name: Entstand aus dem Namen der Wüste Karroo in der Kap-Provinz Südafrikas und dem griechischen Wort *ánthos,* «Blume». Er bezieht sich auf den ursprünglichen Standort, wo die Pflanze «Blume der Wüste Karroo» genannt wird.
Beschreibung: Sukkulente von niedriger Gestalt mit kurzen, verzweigten, buschig auswachsenden Sprossen, die gegenständige, fleischige und mit dem Sproß starr verwachsene Blätter tragen. Die Blattoberfläche ist flach oder leicht eingedellt, am Blattgrund verengt und läuft in eine rundliche Spitze aus. Die Ränder sind mit kleinen Zähnen bewaffnet. Die Blattunterseite ist stark verdickt und gekielt und dem Scheitel zu ebenfalls rundlich auslaufend. Die Farbe ist grün bis bleichgrün. Die Blüten entspringen zwischen zwei fleischigen Deckblättern und haben leuchtend gelbe Kronblätter, die gegen den Rand zu rötlich werden.
Verbreitungsgebiet: Die Pflanze stammt – wie es der Name sagt – aus der Wüste Karroo in Südafrika (Kap-Provinz). Sie verlangt eine lange ungestörte Ruhezeit. Die Feuchtigkeit, und sei es auch nur die Luftfeuchtigkeit, ist im Winter ihr größter Feind. Während der Blüte im Sommer kann sie unbedenklich gegossen werden.
Vermehrung: Durch Samen und Stecklinge von Seitentrieben, die im Sommer in schattige, sandige Erde gesteckt werden.

► *Cephalocereus palmeri*

Familie: *Cactaceae (*Tr. *Cereae,* Subtr. *Cereinae)*
Name: Vom griechischen *kephalé,* «Kopf», und *cereus,* da sich der wollige Haarschopf bei den Angehörigen dieser Gattung zu Beginn der Blüte beachtlich vergrößert.
Beschreibung: Diese säulige Pflanze hat einen relativ schlanken Sproß, verglichen zur Höhe, die im natürlichen Verbreitungsgebiet sechs Meter erreichen kann. Bei jungen Pflanzen ist die Farbe grünlich, bei älteren Exemplaren wird sie dunkelgrün. Die vorstehenden Rippen sind durchgehend dicht mit Areolen besetzt, die mit langen braunen Dornen versehen und von wolligen weißen Borsten bedeckt sind. Wenn die Pflanze erwachsen ist, beginnt sie sich zu verzweigen und bildet kurzröhrige, seitlich entspringende Blüten mit grünen Kelch- und rosafarbenen, weit offenen Blütenblättern. In der Mitte stehen unzählig viele gelbe Staubblätter. Die Blüten öffnen sich nachts. Ihr folgen die Früchte: kleine runde Beeren mit schwarzen Samen.
Verbreitungsgebiet: Die sehr trockenen heißen Gebiete im östlichen Mexiko. Deshalb verträgt diese Pflanze keinen Frost und verlangt eine ungestörte Ruhezeit. Wassergaben im Sommer sollten eher bescheiden sein.
Vermehrung: Durch Samen oder Stecklinge von Seitentrieben, die im Sommer in fast trockenen Sand gesteckt werden.

▲ ***Cephalocereus senilis***

Familie: *Cactaceae (*Tr. *Cereae,* Subtr. *Cereinae)*

Beschreibung: Es handelt sich um die verbreitetste Art dieser Gattung. Vielleicht ist sie so beliebt wegen ihrer wunderlichen Erscheinung, die ihr den Namen «Echtes Greisenhaupt» eingebracht hat, oder wegen ihres langsamen Wachstums: sie kann während Jahren im Blumentopf gehalten werden. In ihrer natürlichen Umgebung bildet diese Pflanze einen säuligen Körper bis zu fünfzehn Meter Höhe und sechzig Zentimeter Durchmesser, dem am unteren Ende parallele Seitensprosse entspringen. Die Zahl der stark abgeflachten Rippen schwankt zwischen zwanzig und dreißig, und jede davon ist mit dicht stehenden Areolen besetzt, aus denen etwa dreißig weiße bis graue, zirka zwölf Zentimeter lange gewellte Borsten treten, die den gesamten Stamm bedecken. Bei älteren Exemplaren treten zwischen den Borsten starke gelbliche Dornen hervor. Junge Pflanzen sind aber unbewehrt. Die Blüten entspringen seitlich dem augenfällig verdickten Haarschopf und haben eine Länge von etwa zehn Zentimetern. Sie gehen in der Nacht auf und haben rote äußere und rosaweißliche innere Kronblätter.

Verbreitungsgebiet: Diese Pflanze, die erstmals 1889 beschrieben wurde, kommt von den Hochebenen Zentralmexikos und verlangt deshalb im Sommer direkte Sonnenbestrahlung. Ältere Exemplare vertragen bei Trockenheit die Kälte recht gut. Jüngere dagegen sollten im Winter bei einigen Graden über Null gehalten werden.

Vermehrung: Durch Samen.

▲ ***Cereus jamacaru***

Familie: *Cactaceae (*Tr. *Cereae,* Subtr. *Cereinae)*

Name: Der Name dieser Gattung, die früher alle säuligen Pflanzen umfaßte, stammt vom lateinischen *cereus,* «Kerze», aufgrund der Gestalt und des Wachsüberzuges dieser Pflanzen.

Beschreibung: Pflanze mit säulig verzweigtem Sproß, der vier bis sechs vorstehende Rippen mit gerundeten Zähnen aufweist. Der aufrechte und rauhe Sproß ist in jugendlichem Stadium blau, wird indes mit zunehmendem Alter dunkelgrün. In ihrer natürlichen Umgebung erreicht die Pflanze eine Höhe bis zehn Meter; der Durchmesser übersteigt kaum dreißig Zentimeter. Die Areolen tragen etwa fünf flachliegende nadelförmige Dornen und ein Paar längere stärkere Dornen. Die nächtlichen Blüten entspringen seitlich, sind bis zu fünfundzwanzig Zentimeter breit und haben weiße Kronblätter. Nach der Befruchtung welkt die Blütenröhre und fällt ab. Die Frucht ist eine dicke runde Beere mit roter Haut. Wenn sie reif ist, springt sie auf und entläßt die schwarzen Samen, die in Flaum eingebettet sind.

Verbreitungsgebiet: Alle *Cereus*-Arten haben ihre Heimat in Südamerika. Die erwähnte kommt aus Venezuela und Brasilien.

Vermehrung: Durch Samen oder Stecklinge älterer Seitenzweige.

◂ ***Chamaecereus silvestrii***

Familie: *Cactaceae (*Tr. *Cereae,* Subtr. *Echinopsidinae)*

Name: Zusammengesetzt aus griechisch *chamaí,* «am Boden», und *cereus.*

Beschreibung: Diese Art ist die einzige der Gattung (Rowley rechnet sie zu *Lobivia)* und wegen ihrer reichen Blüte stark verbreitet. Die kurzen, verdrehten zylindrischen Sprosse sind hellgrün. Sie haben viele Rippen, die von weißen weichen Dornen bedeckt sind. Diese Dornen wiederum wachsen aus den gedrängt stehenden Areolen. Die Pflanze wird gerne buschig, und oft lagern sich die Sprosse übereinander. Die Blüten entspringen zu Beginn des Sommers den seitlichen Areolen. Sie sind verhältnismäßig groß und auffällig mit scharlach- oder orangeroten Kronblättern. Man findet mitunter auch weniger typische Formen, wobei es sich gewöhnlich um Kreuzungen mit einer verwandten Gattung handelt.

Verbreitungsgebiet: Argentinien.

Vermehrung: Durch Sproßstecklinge, die meistens schon an der Mutterpflanze bewurzelt sind.

▾ *Cheiridopsis purpurea*
Familie: *Mesembryanthemaceae*
Name: Vom griechischen *cheirís,* «Handschuh», und *ópsis,* «Eindruck, Erscheinung», weil die verdorrenden alten Blätter am unteren Ende der Pflanze eine Scheide bilden.
Beschreibung: Diese Gattung umfaßt Sukkulenten von Zwerggestalt, die aus einem stark fleischigen, gegenständigen Blattpaar bestehen. Diese streifenförmigen und spitz auslaufenden Blätter haben eine flache Ober- und eine gekielte Unterseite. Die Blatthaut ist grau-grün und dicht mit punktförmigen dunklen Flecken übersät. Während die beiden Blätter langsam verdorren, sprießt ein neues Paar in Kreuzstellung gegenüber dem alten hervor. Wenn die Pflanze genügend Platz hat, wächst sie mit der Zeit buschig aus. Die Blüten treten zwischen den beiden Blättern hervor und werden von einem kurzen fleischigen Stiel getragen, der einem zweigeteilten sukkulenten Gebilde entspringt. Die Blütenblätter sind schmal und rot-violett. Nach der Befruchtung bildet sich eine Kapsel, welche zahlreiche kleinste Sämchen beherbergt. Die Blüten gehen am Nachmittag auf.
Verbreitungsgebiet: Diese Pflanze kommt in den Wüsten Südafrikas vor und fürchtet deshalb jedes Übermaß an Feuchtigkeit. Während des Winters verlangt sie ungestörte Ruhe.
Vermehrung: Durch Samen.

▴ *Cissus juttae*
Familie: *Vitidaceae*
Name: Von griechisch *kissós,* «Efeu», weil die meisten Vertreter dieser Gattung kriechen oder klettern.
Beschreibung: Viele sukkulente *Cissus*-Arten wachsen aufrecht, obwohl die meisten anderen Angehörigen dieser Gattung kriechen. Der bizarre *Cissus juttae* (nach Rowley zu *Cyphostemma* gehörig), der auf den ersten Blick wenig Gemeinsames mit der Familie der Reben zu haben scheint, ist ein Beispiel dafür. Die Pflanze hat einen dicken Stamm, der unten wanstförmig ist und in natürlicher Umgebung eine Höhe von zwei Metern erreichen kann. Seine Farbe ist grau-braun, aber vielfach erscheint die Rinde hell, von papierartiger Beschaffenheit, zerfurcht und geschuppt. Der Stamm verzweigt sich, indem er sich teilt. Am Ende der Zweige wachsen große, ovale Blätter mit Sägezahnrand. Die Blattfarbe ist hell-grün; bei genügend Licht färben sich die Blattadern und die Ränder rot. Die Pflanze wirft ihr Laub ab, die Ruhezeit fällt auf den Winter. Zu Beginn des Sommers zeigen sich Kolben grünlicher Blüten, gefolgt von roten fleischigen Beeren, die einen einzigen, großen Samen enthalten.
Verbreitungsgebiet: Trockenregionen Südwestafrikas. Diese Pflanze liebt volle Sonnenbestrahlung und muß vor Frösten geschützt werden. Immerhin ertragen erwachsene Pflanzen die Kälte besser als junge.
Vermehrung: Durch Samen, doch erfolgt die Keimung recht langsam.

▾ *Cleistocactus strausii*

Familie: *Cactaceae (*Tr. *Cereae,* Subtr. *Echinopsidinae)*
Name: Aus griechisch *kleistós,* «geschlossen», und *cactus* zusammengesetzt, weil sich die Blütenkrone nur sehr selten öffnet.
Beschreibung: Diese Pflanze mit säuligem und im Vergleich zur Höhe eher dünnem Sproß wächst in erwachsenem Zustand buschig aus, ist aber auch als junge Pflanze sehr reizend. Der bleichgrüne Sproß weist zahlreiche wenig vorstehende, jedoch nahe beieinanderliegende Rippen auf, die dicht mit Areolen besetzt sind. Jede bildet einen dichten Schopf weißer seidiger Dornen, so daß man die zentralen gelben Dorne kaum erkennt. Gegen den Scheitel zu verdichten sich die Areolen noch und bedecken das Sproßende ganz mit einem weißen Filz. Die lateral entspringenden Blüten bilden eine lange rote Röhre. Sie erscheinen lediglich an erwachsenen Exemplaren, die wenigstens eine Höhe von dreißig Zentimeter erreicht haben, und gehen nur an der Sonne auf.
Verbreitungsgebiet: In den Anden Boliviens und Nordargentiniens.
Vermehrung: Durch Samen.

▸ *Cochemiea poselgeri*

Familie: *Cactaceae (*Tr. *Cacteae,* Subtr. *Cactinae)*
Name: Vom Namen eines Indianerstammes (Cochmi) abgeleitet, der in Niederkalifornien lebte.
Beschreibung: Diese Pflanze – nach Rowley zur Gattung *Mammillaria* zählend – mit zylindrischem und bereits am Grund verzweigtem Sproß kann in natürlicher Umgebung eine Höhe von zwei Metern erreichen. Die dünnen Sprosse stehen aber nur bei jungen Pflanzen aufrecht, wenn diese noch klein sind. Die grünbläuliche Farbe kann an der Sonne bräunlich werden, besonders an den zahlreichen konischen Warzen, welche die Areolen tragen. Diesen entspringen in jugendlichem Zustand rötliche, in älterem graue Radialdornen. Aus der Mitte sticht ein langer, mit einem Widerhaken versehener Dorn. Am Grund der Warzen findet man weiße, wollige Höcker. Die Kronblätter der leuchtendroten, auffälligen Blüten sind zurückgerollt. Die Pflanze blüht erst, wenn sie ausgewachsen ist.
Verbreitungsgebiet: Niederkalifornien, eine Halbinsel mit langen Trokkenzeiten, wo aber dennoch kalte Nordwestwinde blasen. Die Pflanze ist besonders gegen Feuchtigkeit empfindlich.
Vermehrung: Durch Stecklinge in trockenem Sand oder durch Samen, wobei die Pflanze sehr langsam wächst.

▲ *Conophytum tetracarpum*

Familie: *Mesembryanthemaceae*
Beschreibung: Diese kleine Sukkulente, die nicht höher als acht Zentimeter wird, besteht aus einem kugelig-fleischigen Körper von grau-grüner Farbe, der am Scheitel, wo sich ein großer durchsichtiger Fleck befindet, dem die Blüten entspringen, leicht eingedellt ist. Die margeritenähnlichen gelben Blüten sind typisch für die Familie. Die Pflanze verzweigt sich nach und nach am Grund und bildet eine Kolonie von zwanzig bis dreißig Individuen. Sie bedarf einer langen Ruhezeit im Frühling und sollte dann nur leicht besprüht werden.
Verbreitungsgebiet: Kap-Provinz in Südafrika. Das Gebiet erstreckt sich vom Nordosten der Provinz nach Klein-Namaqualand und bis zum Oranje.
Vermehrung: Durch Samen, der schnell keimt. Das Wachstum der Jungpflanze ist aber danach sehr langsam. Man kann die Pflanze zu Beginn der Wachstumsperiode auch dadurch vermehren, indem man den Busch zerteilt.

▲ *Conophytum ernianum*

Familie: *Mesembryanthemaceae*
Name: Abgeleitet von griechisch *kónos,* «Kegel», und *phytón,* «Pflanze», wegen der kegelförmigen Gestalt einiger Arten. In Wirklichkeit gibt es eine Vielfalt von Formen kugeliger bis kegeliger Gestalt.
Beschreibung: Kleine buschige Pflanze mit fleischigem Körper, die höchstens zweieinhalb Zentimeter hoch wird und deren Durchmesser zwei Zentimeter beträgt. Der leicht gestauchte Scheitel weist einen wenige Millimeter tiefen Einschnitt auf, der die Spitze in zwei Lappen teilt. Auf der Innenseite sind die Lappen flach, außen hingegen stark gekielt. Die Farbe ist grau-grün mit dunklen Punkten. Die Blüten entspringen der Mitte des Einschnittes und haben zahlreiche schmale Kronblätter von rosaroter bis violetter Farbe. Alle *Conophyta* bedürfen einer langen Ruhezeit, in deren Verlauf der sukkulente Körper zusammengeschrumpft und wie eine vertrocknete Haut aussieht. Zu Beginn der neuen Vegetationsperiode strafft sich die Haut wieder. Während der Ruhezeit darf die Pflanze nicht gegossen werden.
Verbreitungsgebiet: Südwestafrika, Region von Gross-Namaqualand.
Vermehrung: Durch Samen, Zerteilung der buschig gewordenen Pflanze oder Kopfstecklinge.

▸ *Cotyledon orbiculata*

Familie: *Crassulaceae*
Name: Kommt vom griechischen *kotyledón,* «Becher», wegen der Blattform einiger Arten. Die Bezeichnung wurde bereits von Nikandros, Dioskorides und später von Plinius für dortzulande heimische Pflanzen verwendet, worunter sich das Nabelkraut oder der «Venusnabel» *(Umbilicus rupestris)* befand. Linné übernahm den Namen für viele verschiedene Arten. Doch die meisten wurden wieder herausgenommen, so daß heute nur noch die afrikanischen Arten den Namen führen.
Beschreibung: Robuste staudige Pflanze, die über einen Meter hoch wird. Der Sproß ist aufrecht und verzweigt, die Blätter sind fleischig, oval und spatelförmig, beiderseits flach, gegenständig, von grünlicher Farbe und ganz mit einer silbrigen Wachsschicht überzogen. Die roten Blattränder sind ungezähnt. Die Blätter stehen dem Scheitel zu gedrängt, während sie unten verdorren. Die Blüten hängen in traubigen Blütenständen, die aus den Blattachseln am Scheitel des Sprosses hervorgehen. Die Lappen der röhrigen Blüte sind ganz zurückgerollt. Die Farbe ist orange-rot bis gelblich.
Verbreitungsgebiet: Südliches Afrika.
Vermehrung: Sehr einfach durch Stecklinge und Samen. Die Vermehrung ist vielfach erforderlich, um die Pflanze zu veranlassen, sich unten zu verzweigen.

▲ *Crassula arborescens*

Familie: *Crassulaceae*
Name: Der Name ist die Verkleinerungsform des lateinischen *crassus,* «dick». Er soll auf die fleischigen Blätter vieler Arten hinweisen.
Beschreibung: Es ist eine sehr schöne und robuste Pflanze, wenn auch ihr Wachstum langsamer ist als dasjenige verwandter Arten. Als strauchiger Typ erreicht sie in natürlicher Umgebung gut Höhen von drei Metern. Der dicke Stamm ist stark verzweigt, meist schon am Grund. Die Zweige tragen gegenständige, sehr fleischige, im Jugendstadium stark abgeflachte eiförmige Blätter mit dünner werdendem Blattgrund. Die beiden Blattseiten sind flach bei leicht gebogener Spreite. Die Blatthaut ist grau-grün, mit Wachs überzogen und von zahlreichen weißen, rot umrandeten Punkten übersät. Die Blattränder sind rot, und ein rötlicher Schimmer überzieht auch die Unterseite älterer, der Sonne ausgesetzter Blätter. Die unteren Blätter fallen jeweils ab, so daß der nackte, von Ringen gezeichnete Zweig übrigbleibt. Die Blüten stehen in Dolden und sind rötlichweiß.
Verbreitungsgebiet: Stammt aus der Region von Natal in Südafrika, einem hügeligen Gebiet am südöstlichen Fuß der Drakensberge zwischen dem Indischen Ozean und Lesotho. Die Pflanze erträgt die trockene Kälte und liebt im Sommer vollen Sonnenschein.
Vermehrung: Durch Stecklinge und Samen.

▼ *Crassula falcata*

Familie: *Crassulaceae*
Beschreibung: Diese beachtliche Pflanze, die der Genfer Botaniker Augustin Pyramus de Candolle (1778-1841) einst der Gattung *Rochea* zuschrieb, wird sowohl wegen ihrer zierlichen Gestalt als auch wegen ihrer Blüte geschätzt. Die Sprosse wachsen aufrecht und verzweigen sich. An ihnen stehen die ineinandergeschachtelten Blätter streng in Kreuzstellung. Die Pflanze führt ihre Bezeichnung zu Recht, denn die leicht gebogenen Blätter gleichen der Klinge einer Sichel («falca»). Sie sind grau-grün, schwach behaart und dunkelgrün punktiert. An erwachsenen Pflanzen erscheinen die auffälligen Blütenstände auf einem langen fleischigen Stengel, welcher mit Deckblättern besetzt ist. Zuoberst steht eine Dolde aus scharlachroten röhrigen Blüten. Die junge, sehr dekorative Pflanze wird mit zunehmendem Alter unförmiger. Es empfiehlt sich daher, den Sproß zu stücken, damit er neue Zweige austreibt, wovon dann jeder einen Blütenstand trägt. Eine nahe verwandte Art ist *C. Johanniswinkleri.* Sie hat aber schlankere Blätter, eine weniger kompakte Gestalt und wird leicht von Schildläusen befallen.
Verbreitungsgebiet: Südafrika; wurde im 18. Jahrhundert in Europa eingeführt.
Vermehrung: Durch Stecklinge von Sproßstücken und Seitenzweigen und durch Samen.

▲ *Crassula lycopodioides*

Familie: *Crassulaceae*

Beschreibung: Diese kleine Pflanze scheint mit den anderen Arten der Gattung nichts gemein zu haben, ja auf den ersten Blick scheint sie nicht einmal eine Sukkulente zu sein. Sie besteht aus dünnen verzweigten Sprossen, die zirka dreißig Zentimeter hoch sind. Kleine, wenige Millimeter große Blättchen, die in vier Reihen stehen, bedecken den Sproß schuppenähnlich. Sie sind hellgrün bis graugrün und ineinandergeschachtelt. Die kleinen Sprosse sind sehr buschig und bilden so einen dichten Rasen. Nebst den neuen Zweigen erscheinen auch fädige weiße Luftwurzeln. Die weißlichen ungestielten Blümchen sind derart winzig, daß man sie kaum bemerkt. Sehr ähnlich ist *Crassula pseudolycopodioides.* Die beiden Arten werden leicht verwechselt, und letztere ist nur an den etwas niedrigeren, weniger aufrechten Sprossen, den weniger eng anliegenden Blattschuppen und der glänzenderen Farbe zu erkennen.

Verbreitungsgebiet: Beide Arten kommen aus dem südwestlichen Afrika, wachsen an geschützten Stellen und lieben die pralle Sonne nicht.

Vermehrung: Sehr einfach durch Stecklinge der kleinen Sprosse.

▲ *Crassula marnierana*

Familie: *Crassulaceae*

Beschreibung: Diese entzückende kleine Pflanze ist in Kultur nicht sehr verbreitet und eher empfindlich. Die geraden, verzweigten Sprosse sind praktisch unsichtbar, da sie ganz von fleischigen, gegenständigen Blättchen bedeckt werden. Die so erreichte Sproßdicke beläuft sich auf kaum einen halben Zentimeter. Die bleichgrünen, von einem bläulichweißen Schimmer bedeckten Blätter sind rot umsäumt, und obwohl sie eng aneinandergeschachtelt liegen, treten dazwischen manchmal dünne Luftwurzeln hervor. In ihrer heimatlichen Umgebung wurzeln sie, wo immer sie den Boden berühren. Die kleinen weißen Blüten erscheinen in Kultur nur selten.

Verbreitungsgebiet: Südafrika, das Gebiet um das Kap der Guten Hoffnung. Hier gedeiht die Pflanze auf trockenen Böden zwischen Felsen, welche sie vor dem direkten Sonnenlicht schützen.

Vermehrung: Durch Stecklinge von Sproßstücken. Das Wachstum ist sehr langsam.

◂ *Crassula perforata*

Familie: *Crassulaceae*
Beschreibung: Die dünnen, sich krümmenden Sprosse dieser Pflanze sind in der Gegend der Spitze grün und krautig und gegen den Grund zu rötlich-braun und zäher. Oft kriechen sie, wobei aus den dünnen Knoten Wurzeln treten, die sich wo immer möglich im Boden verankern. Die fleischigen, dreieckigen Blätter sind gegenständig und miteinander derart verwachsen, daß sie vom Zweig durchstoßen scheinen. Die Blattoberseite ist leicht eingedellt, die Unterseite gekielt. Die Farbe ist grün, mit einem bläulich-weißen Schimmer. Bei genügend Licht weisen die Blätter eine rote Punktierung und rote Ränder auf. Im Prinzip stehen die Blätter kreuzweise gegenständig, doch wenn sich der Sproß beim Wachstum dreht, verschwindet die strenge Anordnung. Die Blüten sind klein und gelb. Diese Art ist meist unter dem Namen *Crassula perfossa* bekannt. In Wirklichkeit handelt es sich aber um zwei Varietäten der gleichen Art.
Verbreitungsgebiet: Südafrika.
Vermehrung: Durch Stecklinge, die so abgeschnitten werden, daß sich das Blattpaar nicht ablöst. Hierauf wird der Steckling auf fast trockenen Sand gelegt, wo er dann dünne Wurzeln aussendet.

▾ *Crassula x portulacea*

Familie: *Crassulaceae*
Beschreibung: Diese robuste verzweigte Pflanze, die über einen Meter hoch wird, ist eine Hybride zwischen *Crassula argentea* und *Crassula lactea* und vereinigt Eigenschaften beider Eltern auf sich. Der Sproß ist dick und sukkulent, die grünen Blätter sind fleischig, eiförmig, haben eine leicht verdickte Ober- und eine flache Unterseite und einen scharfen Rand. Die kleinen rötlich-weißen Blüten sind zu Blütenständen vereinigt. Wie ihre Verwandten, mit denen sie oft verwechselt wird, verliert sie die verdorrten Blätter nicht, so daß sie von jung auf wie ein kleiner Baum aussieht.
Vermehrung: Sehr einfach durch Stecklinge. Das Wachstum ist schnell, und die robuste Pflanze erträgt die trockene Kälte gut.

◂ *Crassula orbicularis*

Familie: *Crassulaceae*
Beschreibung: Diese bodenbedeckende Sukkulente besteht aus Rosetten länglich-ovaler Blätter, welche eng aneinanderliegend am Scheitel des kurzen, dünnen, kriechenden Sprosses entspringen. Ihre Farbe ist hell- bis gelbgrün, und bei günstigen Lichtverhältnissen weist die wachsüberzogene Blatthaut eine bleiche Punktierung auf. Die neuentstehenden Blätter sind rosarot. Der Blattrand ist dicht von weißen Härchen umsäumt, die eine dünne silbrige Linie bilden. Die Pflanze breitet sich durch oberirdische Stolonen aus, so daß sie in kurzer Zeit buschig wird. Aus diesem Grund sollte man sie in weiten Schalen halten, da sie sonst zugrunde geht. Die weißen Blümchen sind unbedeutend.
Verbreitungsgebiet: Südöstliches Südafrika, längs der Drakensberge, wo ihre Lieblingsplätze zwischen trockenen Felsen liegen. Hier findet sie noch ein wenig Feuchtigkeit und Schutz vor der sengenden Sonne.
Vermehrung: Durch Zerteilen des buschigen Rasens oder Bewurzelung der Ausläufer. Die Topfpflanze liebt direkte Besonnung nicht, besonders in den heißesten Stunden und Jahreszeiten.

▾ *Cyanotis somaliensis*

Familie: *Commelinaceae*
Name: Zusammengesetzt aus griechisch *kýanos,* «blau», und *oús,* «Ohr», wegen Form und Farbe der Kronblätter.
Beschreibung: Kleine kriechende Sukkulente, die ganze Kissen bildet. Die dicht aufeinanderfolgenden, spiralig angeordneten Blätter formen um den Sproß eine Scheide und bedecken ihn völlig. Die ganze Pflanze hat eine Höhe von etwa fünf Zentimetern, und von gleicher Länge sind die am Blattgrund etwa einen Zentimeter breiten, spitz auslaufenden Blätter. Ihre Oberseite ist grün mit weißbehaarten Rändern, die Unterseite violett. Die Blüten stehen in Wipfeln und sind wie in der ganzen Familie sehr schön, aber leider nur eintägig. Sie haben drei ultramarinblaue Kronblätter, fünf auffällige orangegelbe Staubblätter und in der Mitte den Stempel. Obwohl diese Pflanze viel Licht braucht und im Sommer einen Aufenthalt im Freien an einem leicht schattigen Platz begehrt, kann sie auch in der Wohnung gehalten werden.
Verbreitungsgebiet: Somalia, wo sie an leicht schattigen, trockenen Standorten gedeiht.
Vermehrung: Durch Sproßstecklinge, die sich schnell bewurzeln.

▴ *Crassula tetragona*

Familie: *Crassulaceae*
Beschreibung: Obwohl nicht auffällig, ist dieser sukkulente, etwa einen Meter hohe Strauch eine geeignete Pflanze für Gärten milder Klimate. Sie fühlt sich im Freien wohl und übersteht auch gelegentliche Fröste. Die Seitensprossen, die unten eine Dicke von einem halben Zentimeter erreichen, wachsen aufrecht und verzweigen sich rege. Auch die neuerscheinenden Zweige wachsen sofort aufrecht. Die zwei bis drei Zentimeter langen hellgrünen Blätter stehen kreuzweise gegenständig und sind an der Ansatzstelle mit dem Sproß fest verwachsen. Sie sind schmal und lanzettförmig zugespitzt, die Oberseite ist beinahe flach, die Unterseite gekielt und das ganze Blatt leicht nach oben gebogen. Die kleinen weißen Blüten erscheinen selten. Die verholzten Zweige des Strauchs werden allmählich bräunlich und nackt, so daß sie von ringförmigen Narben, den Ansatzstellen der Blätter, gezeichnet sind. Diese Pflanze eignet sich gut als Hintergrund für niedrige Gewächse, welche den kahlen Unterteil des Strauches verdecken.
Verbreitungsgebiet: Südafrika, Region um das Kap der Guten Hoffnung.
Vermehrung: Durch Stecklinge von Sproß und Zweigen in kaum feuchtem Sand, im Sommer und am Schatten.

▸ *Delosperma echinatum*

Familie: *Mesembryanthemaceae*
Name: Stammt vom griechischen *délos,* «sichtbar», und *spérma,* «Samen», weil die Samenkapseln keine schützenden Decken aufweisen und so der Samen darin sichtbar ist.
Beschreibung: Krautig ausgestreckte Pflanze mit langem dünnem, stark verzweigtem Sproß, an dem ungestielte, kaum einen Zentimeter lange, äußerst fleischige Blätter sitzen, die spitz auslaufen. Ihre Oberseite ist flach, die Unterseite gekielt. Sie stehen kreuzweise gegenständig, und ihre glänzend grüne Haut ist mit warzenähnlichen, durchsichtigen Punkten übersät. Im vollen Sonnenlicht erscheinen auf diesen Warzen kleinste leuchtendweiße Zähnchen. Die Blüten sind jenen der Margeriten ähnlich. Bei einigen Formen können die Blütenblätter auch gelblich sein.
Verbreitungsgebiet: Südafrika, Umgebung von Kapstadt.
Vermehrung: Indem man den Busch zerteilt, durch Samen oder durch Stecklinge. Da die Sprosse mit der Zeit nackt werden und verholzen, ist es zweckmäßig, die Pflanze von Zeit zu Zeit zu verjüngen, sonst wird sie unansehnlich. Für die Stecklinge wählt man die noch nicht ganz verholzten zweijährigen Abschnitte, da sich die verholzten nur schlecht bewurzeln.

◂ *Didierea madagascariensis*

Familie: *Didiereaceae*
Name: Diesen Namen bekam die Pflanze von Henri E. Baillon, Direktor des Jardin des Plantes in Paris, in Erinnerung an den Schriftsteller Charles Didier (1805-1864), der lange Afrika bereiste und infolge Erblindung Selbstmord beging.
Beschreibung: Diese äußerst seltsame Pflanze wächst in ihrer natürlichen Umgebung als Baum von über vier Meter Länge. Der verdickte Stamm ist sukkulent und sendet lange, unregelmäßige Zweige aus. Sowohl Stamm wie Zweige sind von vorstehenden, nahe beieinanderliegenden Knoten besetzt. Aus diesen Knoten stechen lange, rauhe, gebogene Dornen, aus deren Mitte ein Schopf schmaler Blätter oder die weiblichen, beziehungsweise männlichen Blütenstände mit kleinen kelchförmigen Blüten wachsen. Die Art war mit *Didierea mirabilis* bezeichnet worden, um sie von *Didierea madagascariensis* unterscheiden zu können. Es hat sich aber herausgestellt, daß *Didierea mirabilis* nur die jugendliche Form ein und derselben Art ist.
Verbreitungsgebiet: Die Heimat aller Vertreter dieser Gattung ist Madagaskar. Die erwähnte Art wächst im Südwesten der Insel.
Vermehrung: Durch Samen, der äußerst selten angeboten wird. Diese Pflanzen findet man meist nur in speziellen Sammlungen.

▾ *Dolichothele longimamma*

Familie: *Cactaceae* (Tr. *Cacteae,* Subtr. *Cactinae)*
Name: Vom griechischen *dolichós,*«lang», und *thelé,* «Mammilla» (Brustwarze) wegen der langen Warzen am Sproß.
Beschreibung: Niedrige Pflanze von langsamem Wuchs, nach Rowley zur Gattung *Mammillaria* gehörig. Der grüne kugelige Sproß wird mit der Zeit zylindrisch, übersteigt aber auch bei alten Exemplaren nie die Höhe von zehn bis zwölf Zentimetern. Er weist charakteristische weiche, fleischige, bis zwei Zentimeter lange Warzen auf, die ihn ganz bedecken. Ihre Haut ist dicht von durchsichtigen Punkten übersät, und an der Spitze stehen die Areolen mit sieben bis zehn radialen Dornen und einem zentral hervorstehenden Dorn. Zu Beginn sind die Dornen hell, werden aber mit der Zeit braun. Die im Sommer erscheinenden Blüten sind gelb.
Verbreitungsgebiet: Zentralmexiko.
Vermehrung: Hauptsächlich durch Samen. Bei älteren Pflanzen, die manchmal kurze Seitensprosse bilden, können davon Stecklinge abgetrennt werden.

▲ *Dudleya brittonii*

Familie: *Crassulaceae*

Name: Er erinnert an Wiliam Russel Dudley (1849-1911), den ersten Professor für Botanik an der Universität von Stanford in Kalifornien.

Beschreibung: Diese Pflanze mit einer Blattrosettenform, die für viele Angehörige dieser Familie kennzeichnend ist, erreicht beachtliche Größen. Der Durchmesser kann sich auf dreißig Zentimeter belaufen, und es bildet sich ein kurzer Stamm. Die nicht zahlreichen, aber großen, fünf Zentimeter breiten und fünfzehn bis zwanzig Zentimeter langen Blätter sind schmal und lanzettlich. Ihre bläulichweiße Haut ist von einer silbrigen Wachsschicht überzogen, die bei kleinster Berührung gefleckt wird. Die den Blattachseln entspringenden Blütenstände bestehen aus weißen unscheinbaren Blüten.

Verbreitungsgebiet: Mexiko.

Vermehrung: Durch Samen. Die Pflanze ist wenig verbreitet, da sie meist nicht buschig auswächst und sich damit nur selten zur Vermehrung durch Stecklinge anbietet. Es sind daher Kreuzungen mit buschigeren kalifornischen Arten versucht worden.

▲ *Echeveria agavoides*

Familie: *Crassulaceae*

Name: Die Gattung, die mehr als hundert Arten und Hybriden enthält, trägt den Namen von Atanasio Echeverría y Godoy, einem Maler, der von 1787-1797 eine Expedition nach Mexiko begleitete und sehr viele Pflanzen des Landes zeichnete. Diese Zeichnungen wurden von Augustin Pyramus de Candolle für wissenschaftliche Studien verwendet. So gab er diesen Pflanzen in Erinnerung an den Künstler den Namen.

Beschreibung: Die Pflanze besteht aus einer Rosette sehr fleischiger, bleichgrüner, ungestielter Blätter, deren Haut von durchsichtigen Punkten übersät ist. Sie haben eine rauhe Beschaffenheit und dreieckige Form. Die Oberseite ist flach, die Unterseite leicht gekielt, und die Blattspitze läuft in einen weichen rotbraunen Dorn aus. Die Blüten stehen in einer Traube auf einem langen Stengel, welcher aus der Mitte der Rosette wächst. Die Blütenkrone ist rötlich mit gelbem Rand. Da die Pflanze langsamer als andere Arten wächst, blüht sie auch weniger oft.

Verbreitungsgebiet: Hochebene von Zentralmexiko, Gebiet von San Luis Potosí, auf trockenen Böden mit gutem Abfluß.

Vermehrung: Da die Pflanze selten buschig auswächst, durch Blattstecklinge auf fast trockenem Sand oder Samen.

◄ *Echeveria derenbergii*

Familie: *Crassulaceae*

Beschreibung: Kleine Pflanze, die wegen ihrer bescheidenen Größe und ihrer Blütenfülle eine der beliebtesten für die Topfkultur ist. Die fleischigen, spatelförmigen Blätter haben anfangs eine leicht eingedellte, später eine flache Oberseite und gegen die Spitze zu eine schwach gekielte Unterseite. Die Blattspitze ist von roter Farbe, die sich auch auf den oberen Rand ausdehnt. Die ganze Blattspreite ist bleichgrün und von einer bläulichweißen Wachsschicht überzogen. Die anfangs beinahe kugelige Blattrosette bildet mit der Zeit einen Stamm, der zum Kriechen neigt. Bei den Knoten der verdorrten Blätter treibt er Seitenzweige. Die Blüten stehen in kurzen Blütenständen, die den Blattachseln entspringen, wobei der Stengel fleischige Deckblätter trägt. Die verwachsene Blütenkrone hat fünf kurze Lappen und ist gelb bis orange. Die Blütezeit fällt auf den Frühling. Die Pflanze erträgt die Kälte ziemlich gut, wenn sie nicht streng, langanhaltend und feucht ist. Sie liebt die Sonne, die ihre Farben aufleben läßt, und sie verlangt reicheren Boden als andere Arten.

Verbreitungsgebiet: Mexiko, von den Ausläufern der Sierra Madre del Sur bis zur Sierra de Oaxaca.

Vermehrung: Durch Samen oder Abtrennen von Seitenrosetten oder Blattstecklingen auf kaum feuchtem sandigem Boden.

▲ ***Echeveria gibbiflora var. metallica***
Familie: *Crassulaceae*
Beschreibung: Die für die Gattung eher große Pflanze hat einen dicken fleischigen Sproß von mehr als fünfzig Zentimeter Höhe. An seiner Spitze öffnet sich eine Rosette ei- und spatelförmiger, gewölbter Blätter mit gewelltem Rand. Sie können achtzehn Zentimeter lang und fünfzehn Zentimeter breit werden. Ihre Farbe ist rosa-violett mit einer bläulichweißen, metallig-glänzenden Patina. Die hohen Blütenstände entspringen den Blattachseln. Die Blüten sind kurzgestielt, haben einen gelappten Kelch, eine am Grund höckerige und verwachsene Krone von gelber bis oranger Farbe mit kleinen roten Lappen. Die Grundart ist schon lange Zeit bekannt, erhielt sie doch ihren Namen vom Schweizer Botaniker Augustin Pyramus de Candolle.
Verbreitungsgebiet: Südliches Mexiko.
Vermehrung: Wie die meisten dieser Gattung kann man diese Pflanze auf mehrere Arten vermehren: durch Samen, Stecklinge der Sproßspitze und durch Blattstecklinge. Die Pflanze verträgt keinen Frost, wohl aber kurzanhaltende kühle Perioden.

▲ ***Echeveria pulvinata***
Familie: *Crassulaceae*
Beschreibung: Diese Art entwickelt einen fünfzehn bis achtzehn Zentimeter hohen Sproß und verzweigt sich gern. Sproß und Zweige sind von einer aus wenigen, aber sehr fleischigen, eiförmigen Blättern bestehenden Rosette gekrönt. Die graugrünen Blätter sind zudem leicht eingedellt, am vorderen Ende spitz und mit einem dichten silbrigen Haarfilz überzogen. Dieser ist an den jüngeren Sproßabschnitten noch rostbraun. Aus den Knoten des Sprosses, wo einst die verdorrten Blätter standen, sprießen haardünne Luftwurzeln, die aber bald auch verdorren. Die roten röhrigen Blüten stehen in einer Traube mit kleinen Deckblättern. Die fünfeckige Blütenkrone besteht aus fünf verwachsenen Kronblättern. Die Pflanze wächst besser in hellem Streulicht, erträgt aber auch die volle Sonne, welche die Sprosse erstarken läßt. Es wurden Kreuzungen mit anderen Arten durchgeführt, woraus eine Anzahl Hybriden hervorgegangen ist, die oft nur schwer zu identifizieren sind.
Verbreitungsgebiet: In Mexiko von der Sierra de Oaxaca gegen den Pazifischen Ozean zu.
Vermehrung: Durch Stecklinge von Nebenrosetten und Samen.

► ***Echeveria glauca***
Familie: *Crassulaceae*
Beschreibung: Unter den zahlreichen Arten ist diese dank ihrer Lebenskraft und ihrer Robustheit einer der verbreitetsten. Die in einer Rosette angeordneten Blätter sind fleischig, ungestielt, fast kreisförmig und vorne spitz. Die jungen, in der Mitte sitzenden sind leicht eingedellt, die älteren äußeren beinahe flach. Die grüne Haut ist von einer bläulichweißen Wachsschicht überzogen, die am Rand in einen rötlichen Ton übergehen kann. Mit dem Wachstum entwickelt die Pflanze einen halbausgestreckten Sproß, der sich im Topf herabbiegt, Wurzeln schlagen und aus den Narben der abgefallenen Blätter neue Blattrosetten hervorbringen kann. Die unteren Rosetten bewurzeln sich sofort und lassen so die Pflanze buschig werden. Auch die höhergelegenen treiben Wurzeln, die den Boden aber nicht berühren. Die Blüten, die in traubigen Blütenständen auf langen, mit Deckblättern besetzten Stengeln sitzen, haben eine röhrige, am Grund angeschwollene Krone. Sie ist außen rot, hat fünf kleine, spitzige gelbe Lappen und ist von fünf Kelchblättern umgeben. Die gedrängt stehenden Blütenstände haben eine lange Lebensdauer.
Verbreitungsgebiet: Zentralmexiko.
Vermehrung: Sehr einfach durch Samen oder durch die Nebenrosetten am Boden oder an der Hauptachse.

◂ *Echidnopsis cereiformis*

Familie: *Asclepiadaceae*
Name: Verbindet griechisch *échidna,* «Viper», mit *ópsis,* «Erscheinung», wegen der dünnen, halb ausgestreckten Sprosse.
Beschreibung: Die Sprosse dieser Sukkulente haben wirklich das Aussehen einer Schlange. Sie sind zylindrisch, von ein bis zwei Zentimeter Durchmesser, blattlos und längsgefurcht, so daß sie sieben bis neun abgeflachte und mit Warzen besetzte Rippen aufweisen. Jede Warze hat in der Mitte eine kleine weiße Erhöhung. Die Farbe der Pflanze ist dunkelgrün; an der Sonne schlägt sie in einen bronzenen Ton um. Zuerst wachsen die Sprosse aufrecht, doch mit der Zeit strecken sie sich nach der Seite und biegen sich nach unten. Zudem verzweigt sich die Pflanze recht gerne, rechtwinklig manchmal, so daß sie zum Busch wird. Die kleinen Blüten erscheinen einzeln oder in kleinen Gruppen auf den Rippen nahe der Sproßspitze. Die glockenförmige Krone ist fleischig, leuchtendgelb und hat fünf Lappen.
Verbreitungsgebiet: Es erstreckt sich von Äthiopien bis nach Jemen. Da gedeiht sie zwischen Felsen, teilweise im Schatten vor der heißen Sonne. Sie ist nicht frostbeständig. Während des Sommers verhilft ihr ein leicht schattiger Platz zu ihrer echten Farbe. Auch im Herbst und Winter will sie schwach gegossen werden.
Vermehrung: Durch Stecklinge.

▴ *Echeveria setosa*

Familie: *Crassulaceae*
Beschreibung: Die Art wird durch eine flache Rosette aus sehr vielen schmalen, spatelförmigen, dunkelgrünen Blättern charakterisiert, die auf beiden Seiten von einem seidigen weißen Haarfilz überzogen werden. Die Pflanze sendet am Grund Seitensprossen aus, und der Hauptsproß sollte eigentlich nicht sichtbar sein. Leidet sie aber unter Lichtmangel, verliert sie die unteren Blätter und zeigt einen Sproß von einigen Zentimetern Länge. Der traubige Blütenstand setzt sich aus etwa zehn röhrenförmigen, scharlachroten Blüten mit gelbem Rand zusammen. Die Art bringt im Gegensatz zu den erwähnten Kreuzungen nur wenige Blütenstände hervor. Es handelt sich aber trotzdem um eine reizende Pflanze, die auch ohne volles Sonnenlicht auskommt. Dies ist bei vielen andern Arten der Gattung nicht der Fall. Dennoch sollte man nicht vergessen, daß die Sonne auch dieser Pflanze behagt und daß sie in diesem Fall eine dichtere, schönere Blattbehaarung ausbildet.
Verbreitungsgebiet: Wie bei den übrigen der Gattung Mexiko. Man entdeckte sie zuerst auf der zentralmexikanischen Hochebene im Distrikt von Puebla, am Fuße des Popocatepetl. Sie ist aber nicht winterhart.
Vermehrung: Durch Blattstecklinge, Samen oder grundständige Seitensprossen, die sich auf fast trockenem sandigem Boden bewurzeln.

◂ ***Echinocactus grusonii***

Familie: *Cactaceae* (Tr. *Cacteae,* Subtr. *Cactinae*)
Name: Vom griechischen *echínos,* «Igel», und von *cactus,* wegen der dicht mit Dornen besetzten Areolen.
Beschreibung: Diese einst riesige Gattung ist aufgrund verschiedener morphologischer Unterschiede in einige neue aufgeteilt worden. Die vorliegende Art ist die am weitesten verbreitete und charakteristischste, die der einstigen Gattung verblieben ist. Der allgemeine Name «golden barrel» (Goldenes Faß) einerseits und die Bezeichnungen «Goldkugelkaktus» und «Schwiegermuttersessel» andererseits beschreiben den kugelig-dicken, eng mit Rippen besetzten und von goldfarbenen Dornen bedeckten Sproß gut. Die radialen Dornen sind zahlreich; die vier zentralen sind rauh, teils gebogen und teils gerade. In jungem Alter, das sich wegen des sehr langsamen Wuchses auf zehn Jahre ausdehnt, weist der Sproß Warzen auf, die dann mit der Zeit die typischen Rippen bilden. Es können bis zu dreißig sein. Die Blüten sind gelb oder rötlichgelb und werden von den Areolen fast ganz eingeschlossen.
Verbreitungsgebiet: Berge Zentralmexikos. Die Pflanze liebt die Sonne und erträgt auch Kälte, wenn man sie trocken hält.
Vermehrung: Meistens durch Samen, wobei das Wachstum sehr langsam ist. Ältere Exemplare haben manchmal an den Rippen Seitentriebe, die auch zur Vermehrung verwendet werden können.

◂ ***Echinocereus blanckii***

Familie: *Cactaceae* (Tr. *Cereae,* Subtr. *Cereinae*)
Name: Zusammengesetzt aus griechisch *echínos,* «Igel» und *cereus.* Nicht wegen des dornigen Sprosses etwa, sondern wegen der bedornten Oberfläche der Samenanlage und der dornigen Früchte erhielt diese Pflanze, die einst zur Gattung *Cereus* gehörte, diese Bezeichnung.
Beschreibung: Die Gattung umfaßt etwa siebzig Arten von verschiedener Form und Gestalt. Die hier betrachtete Art hat einen bis fünfunddreißig Zentimeter langen, eher dünnen, höchstens drei Zentimeter dicken Sproß. Er steht anfänglich aufrecht und streckt sich dann leicht nach der Seite. Seine Farbe ist dunkelgrün, und die fünf oder sechs Rippen sind mit Warzen bestückt. Auf den Rippen sitzen die bräunlichen Areolen, mit langen weißlichen Radialdornen und drei bis vier schwarzen Zentraldornen bewaffnet. Die Blütenröhre ist bedornt und besteht aus bis zu zehn Zentimeter langen violetten Kronblättern. Die Blüten erscheinen nur an den Areolen nahe dem Scheitel. Die Pflanze verzweigt sich leicht am Grund und obwohl sie den Frost nicht verträgt, duldet sie die trockene Kälte.
Verbreitungsgebiet: Südliches Texas bis Zentralmexiko.
Vermehrung: Durch Stecklinge von Seitentrieben und Samen.

▴ ***Echinocereus pentalophus***

Familie: *Cactaceae* (Tr. *Cereae,* Subtr. *Cereinae*)
Beschreibung: Auch diese Pflanze hat dünne Sprosse, welche aber nur zehn bis zwölf Zentimeter lang werden und zwei bis drei Zentimeter dick. Sie sind bleichgrün und wachsen im allgemeinen halb ausgestreckt oder halb kletternd. Bei den Areolen finden wir gewöhnlich fünf Rippen mit leichten Erhebungen. Vielfach durchziehen sie den Sproß spiralig. Den weißen Areolen entspringen nur radiale Dornen von einem bis zwei Zentimeter Länge. Diese sind weißlich oder gelblich und werden mit zunehmendem Alter grau. Die Blüten erreichen im Verhältnis zur Pflanze die beachtliche Größe von zehn Zentimetern. Die Farbe variiert von rosa nach lila-violett. Die großen Kronblätter sind an ihrer Ansatzstelle verengt, an der Spitze stumpf und gekielt. Die hier abgebildete Art wurde lange Zeit als *Echinocereus procumbens* bezeichnet; es handelt sich aber vermutlich nur um eine lokale Varietät. Die etwas weiter auseinanderstehenden Areolen haben einen zentralen, gerade hervorstechenden Dorn, und am Grund der Kronblätter findet man einen gelben oder weißlichen Fleck.
Verbreitungsgebiet: Mexiko.
Vermehrung: Die Pflanze verzweigt sich sowohl am Grund als auch an den Sprossen. Man kann sie daher gut durch Stecklinge vermehren, aber auch durch Samen.

▲ ***Echinofossulocactus hastatus***

Familie: *Cactaceae (*Tr. *Cacteae,* Subtr. *Cactinae)*
Name: Diese kleinen Pflanzen, die in der Gattung *Echinocactus* untergebracht waren, erhielten 1929 vom deutschen Botaniker Alwin Berger die Bezeichnung *Stenocactus,* bis man endgültig dem jetzigen Namen, der schon seit 1841 bestand, den Vorzug gab. Er vereint das griechische *echínos,* «Igel», mit dem lateinischen *fossula,* «Grübchen», und *cactus,* wegen der Dornen und Furchen, die den Sproß kennzeichnen.
Beschreibung: Die Gattung hat kugelige oder zylindrische Sprosse mit dünnen, fast immer gewellten Rippen. Diese Art hat einen kugeligen bleichgrünen Sproß mit zirka fünfunddreißig stark gewellten Rippen, auf denen die wolligen Areolen sitzen. Aus ihnen treten gebogene Radialdorne und ein großer flacher, lanzenspitzenförmiger Zentraldorn von etwa vier Zentimeter Länge. Die Blüten am Scheitel sind nicht groß, bilden eine kurze Röhre und haben weiße Kronblätter mit einer rosafarbenen Mittellinie. Die Frucht ist schuppig, der Samen schwarz.
Verbreitungsgebiet: Mexiko, die gebirgige Gegend von Hidalgo. Da wächst sie an den Abhängen der Sierra Madre Oriental.
Vermehrung: Durch Samen.

▸ ***Echinopsis hybr.***

Familie: *Cactaceae (*Tr. *Cereae,* Subtr. *Echinopsidinae)*
Name: Vom griechischen *echínos,* «Igel», und *ópsis,* «Erscheinung», wegen der kugeligen und dornigen Gestalt, die an einen eingerollten Igel erinnert.
Beschreibung: Die Gattung umfaßt über vierzig Arten mit kugeligem oder zylindrischem Körper. Die vorstehenden Rippen sind mit zahlreichen wolligen Areolen besetzt, aus denen radiale und zentrale Dornen stechen, die von Art zu Art verschiedene Länge aufweisen. Alle wachsen sehr buschig und haben wunderschöne Blüten mit langer Röhre, schuppigen, wolligen, schmalen Kronblättern von meist weißer oder rosa-roter Farbe. Sie sind wohlriechend, von kurzer Lebensdauer, erscheinen aber in verschwenderischer Fülle. Obwohl einige Arten wie zum Beispiel *Echinopsis multiplex* allgemein verbreitet sind, findet man sonst eher Kreuzungen mit farbigeren Blüten von längerer Dauer. Aus diesem Grunde sind die Hybriden sehr zahlreich und ihre Blüten in Form und Farbe verschieden. Man findet alle Farbtöne von gelb bis rot.
Verbreitungsgebiet: Die ganze Gattung stammt aus Südamerika. Die typischen Arten kommen in Gebieten mit ausgeprägtem Jahreszeitenwechsel vor, also in Uruguay, im südlichen Brasilien und vor allem in Argentinien.
Vermehrung: Durch Seitentriebe und Samen.

▸ ***Echinopsis hybr. «red paramount»***

Familie: *Cactaceae (*Tr. *Cereae,* Subtr. *Echinopsidinae)*
Beschreibung: Diese Hybride von kugeliger Gestalt hat Rippen, die gegen den Scheitel zu eine spiralige Form annehmen, was vielleicht auf eine Kreuzung mit der Gattung *Rebutia* hindeutet. Die äußeren Kronblätter sind weiß, die inneren von einem lebhaften Rot. Beachtet man die Bedürfnisse dieser Pflanze – Winterruhe, genügend Sonne im Sommer, Minimaltemperaturen von etwas über null Grad Celsius –, wächst sie sehr buschig und bringt eine Fülle von Blüten hervor.
Vermehrung: Sehr einfach durch basale Seitensprosse, die sich in sandiger Erde, die im Sommer leicht feucht sein darf, bei etwa 21 Grad Celsius bewurzeln. Vermehrt man die Pflanze durch Samen, sind wie bei jeder Kreuzung die Nachkommen verschieden und gleichen dem einen oder andern Elternteil.

▸ ***Epiphyllum x ackermannii***

Familie: *Cactaceae* (Tr. *Cereae,* Subtr. *Hylocereinae)*

Name: Von griechisch *epí,* «überhalb, oben» und *phýllon,* «Blatt», weil die Blüten auf den flachen blattähnlichen Sprossen entspringen. Die Gattung war lange unter dem Namen *Phyllocactus* bekannt.

Beschreibung: Obwohl von Adrian H. Haworth zu Beginn des 19. Jahrhunderts als Art klassifiziert, handelt es sich bei dieser Pflanze um einen alten Bastard. Die zweite Mutterpflanze dürfte *Heliocereus speciosus* sein. Da die Pflanze robust und blütenreich ist, fand sie weite Verbreitung. Ihre zahlreichen Sprosse stehen aufrecht, sind oft dreieckig mit manchmal gebogenen Verzweigungen. Diese bestehen aus langen flachen, blattähnlichen Gliedern mit hervortretender Nervatur. An den Rändern sitzen die unbewaffneten Areolen. Die Blüten haben zahlreiche ausgebreitete Kronblätter von mehr oder weniger dunkelroter Farbe, und ihr Durchmesser beträgt etwa zwanzig Zentimeter. Um die Pflanze zur Blüte zu bringen, hält man sie im Winter trocken an einem hellen, kühlen Ort und stört ihre Ruhe nicht.

Verbreitungsgebiet: Obwohl man die Art *Epiphyllum,* von der die Pflanze abstammt, nicht kennt, nimmt man an, daß beide Elternpflanzen mexikanischer Herkunft sind.

Vermehrung: Durch Stecklinge von Zweigen, die schräg unterhalb von zwei seitlichen Areolen abgeschnitten werden.

▾ *Epithelantha micromeris*

Familie: *Cactaceae* (Tr. *Cacteae,* Subtr. *Cactinae)*

Name: Diese Art wurde einst der Gattung *Mammillaria* zugeschrieben, später aber wieder daraus entfernt, da die Blüten am Scheitel direkt neben der Warzenspitze und nicht aus der Achsel ihrer Ansatzstelle am Sproß entspringen. Der Name kommt vom griechisch *epí,* «oberhalb, oben», *thelé,* «Brustwarze», und *ánthos,* «Blüte».

Beschreibung: Diese äußerst langsam wachsende Pflanze besteht aus kleinen kugeligen Sprossen, die nur ausnahmsweise bei alten Exemplaren zylindrisch werden und eine Höhe von fünf bis acht Zentimeter erreichen. Die winzigen Warzen sind abgeflacht und spiralig angeordnet. Sie werden ganz von den zahlreichen weißen Dornen bedeckt. Der Schopf am Scheitel ist leicht eingesenkt, und aus dem dichten Flaum treten die winzigen rosafarbenen Blüten hervor, deren Lebensdauer nur einige Stunden beträgt. Danach entwickeln sich die länglichen scharlachroten Früchte.

Verbreitungsgebiet: Von Arizona über Neu-Mexiko nach Texas und Nordmexiko.

Vermehrung: Wegen des langsamen Wachstums findet man nur selten Pflanzen mit Seitensprossen, die sich für die Vermehrung eignen. Zudem bewurzeln sie sich schlecht. Es bleibt aber noch die Möglichkeit der Vermehrung durch Samen oder gepfropfte Seitensprosse.

◂ *Erythrorhipsalis pilocarpa*

Familie: *Cactaceae (*Tr. *Cerae,* Subtr. *Hylocereinae)*

Name: Griechisch *erythrós,* «rot», verbunden mit dem Gattungsnamen *Rhipsalis,* wegen der roten Farbe, welche die Sprosse bei genügend Licht annehmen. Gehört nach Rowley der Gattung *Rhipsalis* an.

Beschreibung: Kleine Epiphyte mit dünnen, zylindrischen, ungefähr zwölf Zentimeter langen und nur drei bis sechs Millimeter dicken Sprossen. Diese verzweigen sich an der Spitze, wobei die neuen Sproßglieder in wirteliger Stellung stehen. Die kleinen Areolen sind dicht beieinander um den ganzen Sproß oder Zweig angeordnet. Sie tragen einen Schopf kurzer weißer, haardünner Borsten, die am Scheitel, wo die Blüten entspringen, sehr dicht stehen. Die zwei bis drei Zentimeter großen Blüten haben am Grund eine kurze Röhre und ausgebreitete Kronblätter von weißer und außen manchmal leicht rötlicher Farbe. Die Früchte, die ihnen folgen, sind dunkelrote, ebenfalls behaarte Beeren. Die Pflanze blüht zu Beginn des Winters; in Kultur aber, bei hoher Luftfeuchtigkeit und milden Temperaturen im Winter, kann sie zu Anfang des Sommers ein zweites Mal aufblühen.

Verbreitungsgebiet: Wächst auf den Bäumen der brasilianischen Wälder zwischen Rio de Janeiro im Osten und dem Fluß Paraná im Westen.

Vermehrung: Durch Stecklinge, die bei den Knoten abgetrennt werden und in sandigem Torf oder Moos bei guter Temperatur Wurzeln schlagen. Die Minimaltemperatur für diese Pflanze beträgt etwa 16 Grad Celsius.

▸ *Euphorbia antiquorum*

Familie: *Euphorbiaceae*

Name: Klassischer Name, den König Juba II. von Numidien und Mauretanien der Gattung zu Ehren seines Leibarztes Euphorbus gegeben haben soll, wegen der heilenden Wirkung einiger ihrer Arten. Tatsächlich verwendeten Galenus und Dioskorides den Namen *Euphórbion* für eben diese Pflanzen, und auch Linné übernahm ihn.

Beschreibung: Diese Sukkulente ist ein Strauch, der in der Natur eine Höhe von drei Metern erreicht. Er hat einen aufrechten, etwa fünf Zentimeter dicken Sproß, der an den Knoten, wo auch aufrechte Seitentriebe erscheinen, eingeschnürt ist. Die Sprosse weisen vier oder fünf markant vorstehende Ecken auf, an deren Rändern Paare kleiner robuster Dornen sitzen. Mit der Zeit wird der Sproß korkig. Die Seitentriebe sind meistens dreikantig mit gewellten und gezähnten Rändern. An der Spitze der Zähne sticht ein Dornpaar hervor. Die Pflanze ist laubabwerfend, und ihre Blätter sind klein und rundlich.

Verbreitungsgebiet: Stammt aus Indien.

Vermehrung: Durch Samen oder Seitentriebe, die bei ihrer Ansatzstelle abgetrennt werden. Den Milchsaft entfernt man am besten mit warmem Wasser oder mit Asche. Wenn die Wunde trocken ist, steckt man den Trieb in fast trockene sandige Erde und achtet auf gute Wärme.

◂ *Euphorbia officinarum var. beaumieriana*

Familie: *Euphorbiaceae*

Beschreibung: Es handelt sich um eine Pflanze von sehr langsamem Wuchs, die zwei Meter hoch werden kann. Der Sproß ist eher dick, hat neun bis zwölf vorstehende Rippen mit graubraunem Rand, die mit Paaren kurzer Dornen versehen sind. Beidseits der Rippen des dunkelgrünen Sprosses sitzen einander versetzt hellgrüne oder weißliche dreiekkige Flecken gegenüber. Mit zunehmendem Alter verkorkt der untere Abschnitt des Sprosses und wird gräulich. Die Rippen werden flacher und die Dornen dünner oder fallen ab. Die Pflanze verzweigt sich stark. Sie beginnt damit schon, wenn sie noch jung und kaum zehn Zentimeter hoch ist. Die neuen Zweige erscheinen vornehmlich in der oberen Sproßhälfte.

Verbreitungsgebiet: Marokko, im Atlas-Gebirge. Sie erträgt volle Sonnenbestrahlung und bei Trockenheit auch kühlere Temperaturen.

Vermehrung: Durch Samen oder Stecklinge junger Seitenzweige, die an ihrer Ansatzstelle abgelöst werden. Ist die Wunde trocken, bringt man den Steckling in fast trockene sandige Erde.

▲ *Euphorbia canariensis*

Familie: *Euphorbiaceae*

Beschreibung: Obwohl es viele kaktusförmige *Euphorbia* gibt, handelt es sich bei dieser um eine der bekanntesten, und auf den ersten Blick könnte man sogar glauben, man habe es mit einer *Cereus* zu tun. Baumförmig von Gestalt, erreicht diese Pflanze eine Höhe bis zu zehn Metern. Sie verzweigt sich ausgiebig, sei es ganz unten über dem Boden oder auf irgendeiner Höhe des Sprosses. Die aufrechten Seitensprosse sind gewöhnlich vierkantig und zwischen den Rippen fast flach. Auf dem Rand der Rippen findet man vorstehende Zähne, die mit einem Paar kurzer schwarzer Dornen bewaffnet sind. Der Hauptsproß oder Stamm bekommt mit dem Alter bis zu sechs Rippen und verkorkt im unteren Teil. Das Wachstum der Pflanze ist so langsam, daß junge Exemplare über längere Zeit in einem Topf gehalten werden können. In milden Klimaten hält man größere Stücke an geschützten Stellen im Freien.

Verbreitungsgebiet: Kanarische Inseln, wie der Name sagt.

Vermehrung: Durch Stecklinge. Ist die Schnittwunde, aus der ein giftiger Milchsaft fließt, vollständig eingetrocknet, bringt man den Steckling in trockenen Sand, den man von Zeit zu Zeit leicht benetzt. Die Anwachsquote ist jedoch sehr gering; es ist einfacher, die Pflanze durch Samen zu vermehren.

► *Euphorbia caput-medusae*

Familie: *Euphorbiaceae*

Beschreibung: Seltsame Sukkulente mit kurzem dickem, kugeligem und warzigem Sproß ohne Dornen. Im oberen Teil, um den Scheitel, bildet er schlangenartig geschweifte Verzweigungen, die anfänglich schief, mit der Zeit dann ausgestreckt wachsen, aber mit aufrechtem Sproßende. Die Farbe ist grün oder graugrün, die Form konisch. Die Pflanze ist unbewaffnet, ihre Zweige sind von Warzen übersät, und an den Enden erscheinen sowohl schmale, etwa drei Zentimeter lange Blätter, die abgeworfen werden, als auch die typischen Blüten. Es sind Blüten ohne Blütenhülle, das heißt ohne Kelch und Krone, die zu Scheinblüten vereinigt sind. Die Zweige erreichen eine Länge von ungefähr dreißig Zentimetern, und bei ausgewachsenen und gut entwickelten Pflanzen wachsen sie übereinander und bilden ein Geflecht. Die Pflanze ist eher selten und wächst langsam. Sie verträgt weder Frost noch anhaltende Nässe.

Verbreitungsgebiet: Südafrika, Gebiet um das Kap der Guten Hoffnung.

Vermehrung: Durch Samen.

◂ *Euphorbia coerulescens*

Familie: *Euphorbiaceae*
Beschreibung: Pflanze, die große Büsche säuliger, sich stark verzweigender Sprosse bilden kann. Diese wachsen aufrecht und haben einen Durchmesser um fünf Zentimeter. Anfänglich weisen sie drei Ecken, bzw. Kanten auf, später vier bis fünf. Bei den Knoten sind die Sprosse eingeschnürt, und auf dem Rand der Rippen erscheinen Paare robuster, mehr als einen Zentimeter langer braungrauer Dornen. Zwischen den Rippen ist der Sproß blaugrün. Zu Beginn der Vegetationsperiode treten am Scheitel der Zweige kleine schuppige, dreieckige Blätter hervor, die bald abfallen und durch Dornen ersetzt werden. Die auffälligen Blüten sind zur typischen Scheinblüte vereinigt. Ihre Deckblätter sind gelb. Die Pflanzen bringen in Kultur praktisch nie Blüten hervor.
Verbreitungsgebiet: Südafrika.
Vermehrung: Durch Samen oder Stecklinge, die an der Ansatzstelle bei den Knoten abgetrennt werden. Sie werden, an eine Stütze gelehnt, aufrecht auf trockene Erde oder Sand gestellt. Wenn die Schnittwunde trocken und vernarbt ist, kann ganz vorsichtig gegossen werden. Wie alle Vertreter der Gattung produziert auch diese Pflanze einen Milchsaft, der nach dem Schnitt auf der Mutterpflanze wie auch am Steckling durch warmes Wasser oder Asche eingetrocknet werden muß.

▴ *Euphorbia grandicornis*

Familie: *Euphorbiaceae*
Beschreibung: Strauchige Sukkulente von unverkennbarer Erscheinung, die zwei Meter Höhe erreichen kann, sich verzweigt und große Exemplare hervorbringt. Der grüne oder graugrüne, vielfach hell oder dunkel gestreifte Sproß hat wegen der sehr stark vorstehenden Rippen eine dreieckige Form. Der Stamm ist unregelmäßig und ungleichmäßig eingeschnürt, so daß die stark eingebuchteten Abschnitte wie sichelförmige Flügel aussehen. Der Rand der Rippen ist von einer durchgehenden grauen Linie gezeichnet, auf der die in alle Richtungen schauenden Dornenpaare sitzen. Sie werden bis zu fünf Zentimeter lang, sind zuerst rötlich und hernach grau. Zwischen dem einen und anderen Dornenpaar verraten kleine Erhebungen, wo die gelben Scheinblüten mit fünf kleinen Lappen erscheinen werden. Die sich stark verzweigende Pflanze wächst verhältnismäßig schnell. Sie blüht leicht, wenn ihr im Sommer ein Aufenthalt im Freien vergönnt wurde.
Verbreitungsgebiet: Südöstliches Afrika.
Vermehrung: Durch Samen oder Abtrennen von jungen Zweigen. Wegen ihres Wuchses wird es nötig sein, die nach unten gebogenen Seitenzweige abzuschneiden. Nach dem Schnitt soll man die Wunde trocknen lassen. Der Steckling wird in trockene sandige Erde gebracht.

▲ *Euphorbia ingens*

Familie: *Euphorbiaceae*

Beschreibung: Es ist eine der gigantischen «Kandelaber-Euphorbien», die in ihren Ursprungsgebieten ein Baum von über zehn Meter Höhe werden kann. Der Stamm hat fünf vorstehende, leicht gewellte Rippen. Von einer bestimmten Höhe an verzweigt er sich in sukkulente Äste, die sich auf der Höhe der Knoten einschnüren und vier bis fünf stark vorstehende, gewellte dunkelgrüne Rippen aufweisen. An den Rändern stehen Paare kurzer Dornen. Die Rippen sind ferner von schwach vorstehenden Linien quer durchzogen, so wie Blätter von den Blattnerven. Mit der Zeit verkorkt der Stamm, so daß nur der jüngere Teil der Zweige grün bleibt, an deren Spitze kleine Blätter stehen, die abgeworfen werden. Das Wachstum dieser Pflanze ist sehr bescheiden, weshalb kleine Exemplare für lange Zeit im Topf gehalten werden können. Dies ist auch nötig, um sie vor Frost, den sie nicht vertragen, zu schützen.

Verbreitungsgebiet: Südöstliches Afrika von Natal bis Moçambique und Rhodesien (Zimbabwe).

Vermehrung: Durch Stecklinge von Seitenzweigen. Die Schnittwunde soll man wiederum trocknen lassen. Nach dem Abtrennen werden die alten Pflanzen dazu angeregt, an oder unterhalb der Schnittstelle neue Seitenzweige zu treiben.

► *Euphorbia milii*

Familie: *Euphorbiaceae*

Name: Diese sehr bekannte Pflanze ist eher unter dem alten Namen *Euphorbia splendens* bekannt. *Milii* galt nur als eine Varietät. Sie trägt aber auch den nichtwissenschaftlichen Namen «Christusdorn», weil die Volksphantasie in den dornigen Zweigen die Dornenkrone Christi sah. Diese Ansicht entbehrt aller Glaubhaftigkeit, nur schon wegen der Herkunft der Pflanze.

Beschreibung: Es handelt sich um eine strauchige Pflanze mit graubraunen Zweigen und langen grauen Dornen, welche nichts anderes als Nebenblätter der darüberliegenden grünen länglichen Blätter sind. Aus den Blattachseln entspringen die langen Stengel der Blütenstände, die aus Scheinblüten mit auffällig roten Deckblättern bestehen. Unter optimalen Bedingungen blüht diese Pflanze fast das ganze Jahr, ausgenommen während ihrer kurzen Ruhezeit in den wärmsten Monaten und zu Beginn des Herbstes. Im Winter bedarf sie mäßiger Wärme und regelmäßiger Wassergaben. Bei Kälte oder Trockenheit verliert die Pflanze die Blätter, die aber bei günstigeren Bedingungen wieder erscheinen.

Verbreitungsgebiet: Madagaskar.

Vermehrung: Im Sommer durch Sproßstecklinge, deren Schnittstelle man zuerst trocknen läßt.

◀ *Euphorbia obesa*

Familie: *Euphorbiaceae*

Beschreibung: Obschon andere Arten dieser Gattung eine ähnlich kugelige Gestalt haben, ist dies der schönste Vertreter. Leider ist die Pflanze selten. Der Sproß ist beinahe kugelrund, und nur bei Pflanzen in sehr fortgeschrittenem Alter ist er etwas länglich, wobei ein Durchmesser von fünfzehn Zentimetern erreicht wird. Völlig unbewehrt, weist er im allgemeinen acht gut erkennbare Rippen mit einer Reihe kleiner Höcker oder Erhebungen auf. Diese sitzen auf der äußeren Rippenkante. Da die Pflanze zweihäusig ist, finden wir männliche und weibliche Exemplare. Die Farbe ist nicht festzulegen. Hält man die Pflanze in der Wohnung oder im Gewächshaus, so neigt die Farbe zu grüngrau mit wenigen Flecken. Unter der Sonne erscheinen neben der erwähnten Grundfarbe zusammenlaufende Längs- und Querstreifen von roter, violetter und purpurner Farbe, so daß der Grundton dann fast silberig wird. Die kleinen unscheinbaren Blüten sind um den Scheitel versammelt. Die Früchte sind Kapseln mit drei Samen.

Verbreitungsgebiet: Südafrika, Kap-Provinz.

Vermehrung: Die Pflanze kann nur durch Samen vermehrt werden. Sie in Kultur hervorzubringen, ist bei diesen getrennt-geschlechtlichen Pflanzen ziemlich schwierig.

▼ *Euphorbia pseudocactus*

Familie: *Euphorbiaceae*

Beschreibung: In der Natur hat diese kaktusförmige Pflanze einen Hauptsproß, der sich nur wenig über den Boden erhebt, und der von Seitensprossen, die an seinem Grund hervortreten, überragt wird. In Kultur, wo die Pflanze durch Stecklinge vermehrt wird, ist diese Gestalt verändert. Die Zweige dieser strauchigen Pflanze sind gewöhnlich vierkantig mit vorstehenden Rippen. Sie sind durchgehend, und wo die Dornenpaare hervortreten, gezähnt. Die abgeflachten Dornen sind anfänglich rötlich und werden allmählich braun. Jeder Zweig wird in unregelmäßigen Abständen schmäler und bildet so eine Reihe von Gliedern mit verbreiterten, vorstehenden Rippen. Die Farbe ist hellgrün mit einer Serie gelblicher Flecken, die U-förmig umrandet sind, wobei sich das U zur Rippe hin öffnet. Die kleinen Scheinblüten, die zwischen den Dornen erscheinen, leuchten gelb. Die Pflanze wächst langsam, verlangt im Sommer vollen Sonnenschein und im Winter eine Temperatur zwischen 5 und 10 Grad Celsius. Die Wassergaben sollen vorsichtig vorgenommen werden, und der Boden muß locker sein.

Verbreitungsgebiet: Südafrika, Provinz Natal.

Vermehrung: Durch Samen oder Stecklinge von Seitenzweigen, indem man die Schnittstelle eintrocknen läßt und den Sand, in den der Steckling nur wenig tief gebettet wird, trocken hält.

► *Euphorbia ramipressa*

Familie: *Euphorbiaceae*
Beschreibung: Strauchige Sukkulente, die in ihrer natürlichen Umgebung eine Höhe von fast drei Metern erreicht. Die Sprosse sind anfangs leicht fünfkantig, später werden sie zylindrisch und verkorken. Die Zweige, die an ihrer Ansatzstelle röhrenförmig sind, gehen allmählich in eine dreieckige Form über. Verzweigen sie sich weiter, so sind die Zweige zweiter Ordnung abgeflacht, mit einer in der Mitte längs verlaufenden Erhebung, die einem dicken Nerv ähnlich sieht. Die Ränder sind stark gezähnt. Jedem Zahn entspringt ein Paar kleiner brauner Dornen: es sind Nebenblätter der grünen darüberstehenden Blättchen, die abgeworfen werden. In der Gärtnersprache kennt man die Pflanze auch unter dem Namen *Euphorbia alcicornis.*
Verbreitungsgebiet: Madagaskar. Sie verträgt ziemlich niedrige Temperaturen, nicht aber Frost.
Vermehrung: Durch Samen oder Stecklinge von Zweigen, die an ihrer Anwachsstelle abgetrennt oder dort abgeschnitten werden, wo sie eine dreieckige Form aufweisen. Die Schnittwunde muß vom Milchsaft gereinigt werden. Wenn sie eingetrocknet ist, bringt man den Steckling in trockene sandige Erde.

▼ *Euphorbia submammillaris*

Familie: *Euphorbiaceae*
Beschreibung: Niedrige, sehr buschige, vom Grund auf verzweigte Pflanze. Unter natürlichen Bedingungen erreichen die Sprosse einen Durchmesser von drei Zentimetern, in Kultur bleiben sie aber dünner. Die am Scheitel verdickten Zweige sind grün und weisen an ihrer Basis, die oft verkorkt, einen runden Querschnitt auf. Sie werden von fünf bis zehn Längsrippen durchzogen, die von Querfurchen durchbrochen sind, so daß sich die Rippen in Höcker oder Warzen auflösen. Die Warze mündet in einen vorstehenden Zahn – die Narbe der abgefallenen winzigen, schuppigen Blätter. Die dornenähnlichen Gebilde, die um den Scheitel erscheinen, sind nackte Blattstiele, die im Gegensatz zu den Blättern ausdauernd sind. Sie wachsen aus der Eintiefung zwischen zwei Warzen. Anfänglich sind sie rotbraun, dann braun. Diese zierliche Pflanze ist besonders gegen Feuchtigkeit empfindlich, und in praller Sonne nimmt sie einen einheitlich bronzenen Farbton an. Im Schatten wird sie dunkelgrün, und die Zweige werden länger. Um einen schönen Farbkontrast zu erhalten, gibt man der Pflanze einen sonnigen Standort, der während der heißesten Zeit beschattet wird.
Verbreitungsgebiet: Südafrika, Region um Kapstadt und Kleine Karroo.
Vermehrung: Durch Samen oder Stecklinge in sandiger, leicht feuchter Erde bei leichter Bodenwärme.

▲ *Euphorbia resinifera*

Familie: *Euphorbiaceae*
Beschreibung: Es handelt sich um einen Strauch oder Busch, der in Kultur nur etwa vierzig bis fünfzig Zentimeter Höhe erreicht. Er ist vom Grund auf verzweigt, so daß er einen mächtigen Busch aufrechter Sprosse bildet, die an ihrem natürlichen Standort wie große dornige Kissen aussehen. Die Farbe ist grüngrau, die Form vierkantig. Die Oberfläche junger Pflanzen ist gefurcht. Die Rippen tragen Paare starker brauner, abgeflachter, aber weniger als ein Zentimeter langer Dornen. In der oberen Hälfte der Zweige erscheinen die Scheinblüten, die von gelben Deckblättern eingefaßt sind. Die Pflanze wächst sehr langsam. Der Milchsaft, der aus ihren Wunden fließt, enthält eine Substanz, die als *Euphorbium* bezeichnet wird. Es ist ein Gummiharz, das im Altertum zu Heilzwecken verwendet wurde, heute aber kaum mehr gebraucht wird.
Verbreitungsgebiet: Diese Pflanze stammt aus Marokko, und zwar aus dem Atlasgebirge südwestlich Marrakesch.
Vermehrung: Durch Samen oder Stecklinge von Seitenzweigen. Der aus der Schnittwunde austretende giftige Milchsaft muß zuerst eintrocknen. Man passe aber dabei auf, denn er reizt die Haut und verursacht Blasen. Ist die Schnittstelle trocken, bringt man den Steckling in oder auf sandige trockene Erde.

▼ *Faucaria tuberculosa*

Familie: *Mesembryanthemaceae*
Beschreibung: Die Gestalt gleicht grundsätzlich den anderen Arten, weshalb die Pflanze eine wenig veränderte Blattform aufweist. Die Blätter sind an ihrer Basis schmal, verbreitern sich gegen die Mitte und laufen in eine Spitze aus, wo sich die weichen borstigen Randzähne befinden. Die graugrüne Blattoberseite wird gegen den Blattgrund zu etwas bleicher; gegen die Spitze zu ist sie von weißen Flecken und dicken Warzen übersät. Das äußere Blattende ist schwach nach unten gebogen, da das Blatt in der Mitte fleischig ist. Die Unterseite ist rötlich, gegen den Blattgrund hin konvex, und zur Spitze läuft ein graugrüner, weißgepunkteter starker Kiel mit weißer Kante. Die leuchtend gelben Blüten haben zahlreiche schmale Kronblätter, die am Nachmittag aufgehen.
Verbreitungsgebiet: Kap-Provinz in Südafrika.
Vermehrung: Durch Samen. Die untersten Verzweigungen können als Stecklinge verwendet werden. Man setzt sie wenig tief in trockenen Sand, der von Zeit zu Zeit benetzt wird. Es sind Temperaturen von mindestens 21 Grad Celsius nötig.

▲ *Faucaria felina*

Familie: *Mesembryanthemaceae*
Name: Vom lateinischen *fauces,* «Rachen», wegen der mit Zähnen bewaffneten Blätter.
Beschreibung: Kleine, nicht mehr als zehn Zentimeter hohe, fast stammlose Sukkulente, die sich verzweigt und so ausgedehnte, dichte Kolonien bildet. Die dreieckigen, sehr fleischigen Blätter sind an der Oberseite leicht eingedellt, die Unterseite dagegen ist gekielt und hat erhöhte Ränder, die weiche, rosa-weißliche, leicht gebogene und in eine Borste auslaufende Zähne tragen. Die Blätter sind dunkelgrün und dicht mit weißen Punkten übersät. Die Blattstellung ist kreuzweise gegenständig. Diese Anordnung kann aber durch die Verzweigungen gestört werden. Die nachmittäglichen Blüten treten aus der Mitte der Pflanze, haben einen fleischigen grünen Kelch und zahlreiche schmale, ausgebreitete Kronblätter. Den Blüten folgen die Früchte in Form von Kapseln, die lange an der Pflanze bleiben. Die Samen sind winzig klein. Oft erscheint neben der Frucht oder neben der verwelkten Blüte ein neuer Seitentrieb.
Verbreitungsgebiet: Wüste Karroo in Südafrika. Die Pflanze ist gegen Feuchtigkeit empfindlich und verlangt den ganzen Winter über Trockenheit.
Vermehrung: Durch Samen oder Stecklinge in trockenem Sand. Im Sommer soll leicht benetzt werden.

◂ *Fenestraria rhopalophylla*

Familie: *Mesembryanthemaceae*
Name: Von lateinisch *fenestra,* «Fenster», weil das Gewebe der Blätter am Scheitel transparent ist.
Beschreibung: Diese kleine Pflanze besteht aus einer Rosette extrem sukkulenter Blätter, welche die Form einer Keule aufweisen: sie verbreitern sich am oberen Ende und werden beinahe rund. Am Scheitel haben sie durchsichtige Flecken. Die Blattlänge beträgt ungefähr fünf Zentimeter. Die graugrüne Farbe schlägt an der Sonne in einen rötlichen Ton um. Die Pflanze wird oft mit *Fenestraria aurantiaca* verwechselt, deren Blattenden abgeflacht und perlfarben sind, auch wo keine durchsichtigen Flecken vorhanden sind. Die ausgebreiteten schmalen Kronblätter sind gelb, während sie bei der hier abgebildeten Art weiß sind. Beide verzweigen sich enorm, so daß kleine Kolonien entstehen. Beide bedienen sich auch der Mimese, damit sie zwischen Felsen und Steinen weniger auffallen. So schützen sie sich vor Tierfraß, denn Sukkulenten werden in diesem trockenen Gebiet als Nahrung geschätzt.
Verbreitungsgebiet: Die ersterwähnte Art stammt aus den Trockengebieten nördlich von Kapstadt, während *F. aurantiaca* in Südwestafrika, in den Wüstengebieten von Damaraland beheimatet ist.
Vermehrung: Durch Samen oder Zerteilen der Kolonien.

◂ *Ferocactus acanthodes*

Familie: *Cactaceae* (Tr. *Cacteae,* Subtr. *Cactinae)*
Name: Aus lateinisch *ferus,* «wild», und *cactus,* wegen der furchterregenden Dornen, die für alle Arten charakteristisch sind.
Beschreibung: Obwohl der Stamm dieser Pflanze in natürlicher Umgebung zylindrisch sein kann, drei Meter Höhe und einen Meter Durchmesser erreicht, bleiben in Kultur seine Gestalt oval und die Ausmaße bescheidener. Der meergrüne Stamm weist fünfzehn bis dreißig leicht gewellte Rippen auf, die eher stumpf sind. Auf ihren Rändern sitzen leicht eingesenkt anfänglich gelbe, wollige Bildungen, die die Areolen bedecken, allmählich grau werden und verschwinden. Aus ihnen sprießen zahlreiche Dornen. Diese überkreuzen sich wild und bedecken so gänzlich die Rippen. Die neun bis dreizehn radialen Dornen sind gebogen, zirka fünf Zentimeter lang, weiß, gelblich oder rötlich und äußerst spitz. Die vier zentralen, hervorstechenden sind bis zwölf Zentimeter lang, abgeflacht und gebogen. Die Blüten sind gelb oder orangefarben. Die runden Früchte enthalten ziemlich große Samen.
Verbreitungsgebiet: Vom südlichen Nevada bis nach der niederkalifornischen Halbinsel. Die Pflanze verlangt im Winter Wärme und vor allem einen trockenen, lockeren, kalkigen Boden.
Vermehrung: Durch Samen. Das Wachstum ist sehr langsam.

◂ *Ferocactus pringlei*

Familie: *Cactaceae* (Tr. *Cacteae,* Subtr. *Cactinae)*
Beschreibung: Es ist eine der größten Arten, denn ihre Höhe übersteigt in der Natur drei Meter und der Durchmesser fünfzig Zentimeter. Als junge Pflanze hat sie einen runden oder halbzylindrischen Sproß, und ihr Wachstum ist so langsam, daß sie für lange Zeit in einem Topf Platz findet. Der olivgrüne, wachsüberzogene Sproß weist sechzehn bis achtzehn unregelmäßige Rippen mit flachen Vertiefungen und dicke, von einer gelben Wolle und gelblichen Borsten bedeckte Areolen auf. Diese haben sechs dünne gerade Radialdornen und vier lange rötliche Zentraldornen ohne Widerhaken. Die letzteren sind von dünnen Querlinien gezeichnet, die zuerst rot sind und dann gelblich oder grau werden. Die vier Zentimeter langen Blüten haben glockenförmig angeordnete Kronblätter, die außen rot und innen gelb sind.
Verbreitungsgebiet: Zentralmexiko.
Vermehrung: Durch Samen. Blumen und Früchte erscheinen nur an ausgewachsenen Pflanzen.

▸ *Ferocactus wislizeni*

Familie: *Cactaceae* (Tr. *Cacteae,* Subtr. *Cactinae)*
Beschreibung: Dieser sehr schöne Kaktus hat als junge Pflanze einen kugeligen Sproß, der am Scheitel gestaucht ist. Ist die Pflanze ausgewachsen, wird der Sproß halbzylindrisch, und in alten Exemplaren ist er säulenförmig mit einem Meter Durchmesser und zwei Metern Höhe. Er ist grün und hat fünfzehn bis fünfundzwanzig scharfe Rippen, auf denen die ovalen Areolen sitzen. Die Dornen sind zahllos! Es sind deren zwanzig weiße, dünne, radiale, die sich nach allen Seiten hin erstrecken und den ganzen Sproß bedecken. In ihrer Mitte erheben sich vier bis acht zentrale Dornen, die länger, dicker und an der Spitze stark gebogen sind. Ihre Farbe ist gelb oder rötlich. Ebenfalls zentral stehen zwei noch längere, weiche Dornen von fast papierartiger Beschaffenheit. Die trichterförmigen Blüten haben grüne äußere und rötlich-gelbe oder orangefarbene innere Kronblätter. Die Frucht ist länglich und gelb. Die Gestalt dieser Pflanze bleibt im allgemeinen unverändert. Farbe, Anzahl und Länge der Dornen wechseln jedoch je nach Varietät. Da die Pflanze durch Samen vermehrt wird, ist es schwierig, zwei identische Exemplare zu erhalten.
Verbreitungsgebiet: Arizona und Texas in den USA, Region von Sonora am Pazifik in Mexiko.
Vermehrung: Durch Samen. Das Wachstum ist aber wie bei allen Arten dieser Gattung sehr langsam.

◂ *Fouquieria columnaris*

Familie: *Fouquieriaceae*

Name: Stammt von jenem des Franzosen Pierre Eloi Fouquier (1776–1850). Er war Medizinprofessor und Leibarzt Karls X. und von Louis Philippe von Frankreich. Die Pflanze ist indessen eher unter dem Namen *Idria columnaris* bekannt. Dieser leitet sich wahrscheinlich von einer griechischen Bezeichnung für ein amphorenähnliches Gefäß ab und bezieht sich auf die Form des Stammes.

Beschreibung: Diese Pflanze, die in freier Natur ein Baum von etwa achtzehn Meter Höhe wird, hat einen oft hohlen, schwammigen, konischen und mit Dornen bewaffneten Stamm, der sich nach unten verengt. Am Scheitel des Stammes stehen dicht gedrängt die eher kurzen, verholzten und lange Dornen aufweisenden Zweige. Die wenigen seitlichen sind spiralig angeordnet. Die Blätter dieser laubabwerfenden Pflanze sind klein, oval und von gräulicher Farbe. Blüten erscheinen nur in natürlicher Umgebung. Da bilden sie gelbe kolbige Blütenstände an den obersten Zweigen. Kleine, junge Exemplare dieser Pflanzen, die weniger als einen halben Meter hoch sind, lassen sich in einem Gefäß halten.

Verbreitungsgebiet: Niederkalifornien, wo sie an extrem trockenen Standorten gedeiht.

Vermehrung: Durch Samen, die – solange sie frisch sind – gut keimen. Das Wachstum ist äußerst langsam.

▴ *Gasteria batesiana*

Familie: *Liliaceae*

Name: Vom griechischen *gastér,* «Bauch», wegen des mäßig angeschwollenen Blütengrundes im Gegensatz zu verwandten Gattungen.

Beschreibung: Die Blätter dieser schönen Sukkulente sind spiralig in einer Rosette angeordnet. Sie sind dick, enden spitz, und ihre Unterseite ist gekielt. Die olivfarbene Oberseite ist von dunkelgrünen warzigen Punkten übersät. Besonders gegen den Blattgrund durchziehen quer unregelmäßige Streifen kleiner weißlicher, sehr dicht gesäter Punkte dieses Muster. Die Blüten, eigentlich groß für die Gattung, erreichen bis zu vier Zentimeter Länge. Die Krone stellt eine gebogene und angeschwollene Röhre dar. Getragen werden die nach unten hangenden Blüten von einem langen Stengel. Die Pflanze sendet wenige basale Seitentriebe aus und ist deshalb auch selten. Sie liebt die pralle Sonne nicht, die den Blättern einen einheitlichen bronzefarbenen Ton verleiht. Dagegen bedarf sie im Winter der Wärme.

Verbreitungsgebiet: Südafrika, zwischen den Drakensbergen und dem Indischen Ozean.

Vermehrung: Durch Samen oder Seitentriebe am Grund.

▸ ***Gasteria verrucosa***

Familie: *Liliaceae*
Beschreibung: Unter den vielen Arten der Gattung und ihren zahlreichen Hybriden ist dies die am meisten verbreitete und am leichtesten erkennbare. Die stammlose und am Grund buschig auswachsende Pflanze hat kreuzweise gegenständige Blätter. Die jungen inneren stehen aufrecht, die älteren äußeren schief; sie sind gegen fünfzehn Zentimeter lang. Die Oberseite bildet eine flache Rinne, die Unterseite ist konvex gebogen. Die unscheinbaren röhrigen Blüten mit bauchigem Grund hangen in langen, lockeren traubigen Blütenständen. An sonnigen Standorten bekommt die dunkelgrüne Pflanze einen bronzefarbenen oder rötlichen Ton. Zudem sind die Blätter mit weißen, warzenähnlichen Punkten übersät. Von dieser Pflanze existieren Varietäten mit helleren oder in Längsreihen angeordneten Warzen und andere mit längeren und größeren Blättern. Unter den erstgenannten befindet sich die Varietät *asperrima,* ein Vertreter der anderen Gruppe ist die Varietät *latifolia.*
Verbreitungsgebiet: Kap-Provinz in Südafrika.
Vermehrung: Durch basale Seitentriebe. Im Sommer sollte man die Pflanze vor vollem Sonnenlicht schützen, da sie sonst eine rötliche Farbe annimmt und die weißen Punkte verschwinden.

▾ ***X Gastrolea beguinii***

Familie: *Liliaceae*
Beschreibung: Eines der auffälligsten Exemplare aus der Kreuzung der Gattungen *Gasteria* und *Aloe.* Die Blätter der stammlosen Pflanze stehen eng spiralig und sind zu einer Rosette vereinigt, die einen Durchmesser von zwanzig Zentimetern erreichen kann. In der Mitte wachsen die noch jungen Blätter aufrecht, die älteren, dunkelgrünen stehen schief oder sind fast waagrecht ausgebreitet. Ihre Form ist dreieckig und läuft in eine Spitze aus. Die Blattoberseite ist flach, die Unterseite gekielt. Der Kiel und die Ränder sind mit weißen Warzen besetzt, die auch auf beiden Blattseiten zerstreut liegen. Die Blüten, in langen Trauben vereinigt, die der Rosettenmitte entspringen, sind klein, unscheinbar, grünlich und am Grund etwas rötlich. Da am Blütenstand zuweilen Blattsprößlinge erscheinen, die für die Vermehrung verwendet werden können, ist es ratsam, die Spitze des Blütenstandes abzutrennen, um die Bildung von Seitensprossen zu fördern. Im übrigen wächst diese Pflanze gerne buschig aus.
Verbreitungsgebiet: Es handelt sich um eine Hybride aus der Kreuzung zwischen *Aloe aristata x Gasteria verrucosa.*
Vermehrung: Durch Seitensprosse am Grund oder am Blütenstand.

▴ ***Glottiphyllum longum***

Familie: *Mesembryanthemaceae*
Name: Abgeleitet vom griechischen *glótta,* «Zunge», und *phýllon,* «Blatt», wegen der zungenförmigen Blätter der Gattung.
Beschreibung: Die ganze Gattung besteht aus Pflanzen mit ausgestreckten und gabelförmig verzweigten Sprossen. Die Blätter sind fast immer gegenständig, ineinandergeschachtelt, viel länger als breit, dick, manchmal fast wie eine Röhre oder Walze, aber mit dünner Spitze. Da sie sich sehr leicht kreuzen, sind viele der zahlreichen Arten möglicherweise natürliche Bastarde, die nur mit Mühe zu identifizieren sind. *Glottiphyllum longum* hat leicht aufrechtstehende, glänzend-grüne Blätter mit dünner, mehr oder weniger gebogener Spitze. Die Oberseite ist flach, die Unterseite bildet einen Kiel. Die Blattlänge erreicht zehn Zentimeter. Die herbstlichen Blüten sind den Margeriten sehr ähnlich: in der Mitte ein Kissen aus Staubblättern und darum herum zahlreiche schmale, leuchtendgelbe Kronblätter. Die Pflanze verlangt im Sommer viel Sonne und einen sandigen Boden, da sich sonst die Zweige, die in der Natur kurz und dick sind, übermäßig verlängern.
Verbreitungsgebiet: Küstengebiet um Port Elizabeth in Südafrika.
Vermehrung: Durch Stecklinge oder Samen.

▲ *Graptopetalum paraguayense*

Familie: *Crassulaceae*
Name: Von griechisch *graptós,* «buntfarbig», und *pétalon,* «Kronblatt», weil die kleinen weißen Blüten gepunktet sind. Trotz des Artnamens stammt die Pflanze nicht aus Paraguay. Einige Autoren betrachten sie als eine besondere Form von *G. amethystinum.*
Beschreibung: Die Pflanze, die auf den ersten Blick einer *Echeveria* gleichsieht, besteht aus Rosetten sukkulenter lanzenförmiger Blätter. Die Blattoberseite ist leicht eingedellt, die Unterseite gekielt. Ihre üblicherweise graugrüne Farbe ist von einer auffälligen silbrig-blaugrünen Wachsschicht, die sich auch rötlich färben kann, verdeckt. Die Sprosse, die sich recht schnell entwickeln, sind dick und fleischig. Je nach dem, wie man sie hält, kriechen sie oder biegen sich herunter. An den Knoten der abgefallenen Blätter bilden sich neue Blattrosetten. Im ganzen gesehen kann die Pflanze einen etwas unordentlichen Eindruck erwecken. Die nackten Zweige rauben ihr zudem die Schönheit, so daß es sich empfiehlt, sie öfters zu verjüngen und zu vermehren. Die kleinen weißen, unbedeutenden Blüten stehen in Wipfeln.
Verbreitungsgebiet: Mexiko.
Vermehrung: Durch endständige Rosetten. Man kann auch Blattstecklinge verwenden und Samen.

◂ *Gymnocalycium neocumingii*

Familie: *Cactaceae (*Tr. *Cacteae,* Subtr. *Cactinae)*
Name: Zusammengesetzt aus griechisch *ghymnós,* «nackt», und *kályx,* «Kelch», da die Blütenknospen völlig ungeschützt sind.
Beschreibung: Diese Pflanze hat innerhalb kurzer Zeit wiederholt ihren Namen gewechselt. Sie hieß *Echinocactus cumingii,* dann *Lobivia,* gehörte hernach zur nun ausgelöschten Gattung *Spegazzinia.* Heute findet man sie unter der Bezeichnung *Weingartia neocumingii.* Sie weist eben ähnliche Merkmale wie all diese aufgezählten Gattungen auf. Der ungefähr zehn Zentimeter hohe Sproß ist von lebhaft grüner, in der Mitte bleicherer Farbe, kugelig und am Scheitel etwas gestaucht. Die achtzehn spiralig verlaufenden Rippen sind aus dicken konischen Höckern aufgebaut, auf denen die mächtigen Areolen entspringen. Die zahlreichen radialen Dornen sind ausgebreitet, die längeren zentralen sind gelbbraun und bei jungen Exemplaren fünf an der Zahl. Die trichterförmigen Blüten haben stumpfe, gelb-orangefarbene Blütenblätter mit grünlichgelben Streifen. Sie entspringen einer kurzen gelben, schuppigen Röhre.
Verbreitungsgebiet: Bolivien. Die Pflanze verlangt viel Sonne, erträgt aber auch niedrige winterliche Temperaturen.
Vermehrung: Durch Samen.

▲ *Gymnocalycium neumannianum*

Familie: *Cactaceae (*Tr. *Cacteae,* Subtr. *Cactinae)*
Beschreibung: Dies war eine der beiden Arten, welche die Gattung *Spegazzinia* bildeten. Sie wurde 1933 von Curt Backeberg zu Ehren von Carlo Spegazzini (1858–1926), einem argentinischen Botaniker italienischer Herkunft geschaffen und umfaßte Formen mit eigentümlich unregelmäßigem Wurzelwerk. Da sich solche Merkmale aber nicht als kennzeichnend erwiesen, verwarf man die Gattung. Heute zählt man sie zu den *Weingartia.* Tatsächlich ist die Wurzel dieser Pflanzen absonderlich. Mächtig dick angeschwollen hebt sich der oberirdische Teil durch einen dünnen Kragen vom unterirdischen ab. Der kugelige Zwergsproß hat etwa vierzehn Rippen, die in runde Höcker gegliedert sind und eine große wollige Areole tragen. Ihr entspringen dicke, biegsame gelbe Dornen, die mit der Zeit dunkelbraun werden. Die neun radialen Dornen sind drei bis fünf Zentimeter lang, ebenso die vier zentralen, die ein wenig gebogen sind. Die Blüten sind orange-rot. Die junge Einzelpflanze wächst buschig aus.
Verbreitungsgebiet: Die trockenen hügeligen Andenabhänge an der Grenze zwischen Argentinien und Bolivien.
Vermehrung: Durch Samen. Alte verzweigte Exemplare kann man auch zerteilen. Diese Pflanze erträgt die Kälte gut, ja sogar den Frost, wenn er nicht zu lange anhält.

► *Haageocereus decumbens*

Familie: *Cactaceae (*Tr. *Cereae,* Subtr. *Echinopsidinae)*
Name: Die Angehörigen dieser Gattung zählten einst zur Gattung *Borzicactus.* Der deutsche Botaniker Curt Backeberg entfernte sie jedoch daraus, schuf eine eigene Gattung und benannte sie nach dem deutschen Kakteenspezialisten Johann Nicolaus Haage (1826–1878) aus Erfurt.
Beschreibung: Niedrige Pflanze, die sich an der Basis verzweigend eine buschige Gestalt erlangt. Die ausgestreckten, halb aufrechten Zweige haben fünfzehn bis achtzehn spitze Rippen. Wo die Areolen sitzen, sind sie erhaben. Da entspringen auch die zahlreichen kurzen weißen Radialdornen und die vier längeren gelben oder rotbraunen Zentraldornen. Die Schönheit der überaus dornigen Pflanze besteht in den wohlriechenden nächtlichen Blüten, die um den Scheitel erscheinen. Sie sind über zwölf Zentimeter lang und haben eine lange schuppige, leicht behaarte Röhre. Die Krone mit grünlichen oder rosafarbenen äußeren und weißen inneren Kronblättern ist vorne weit geöffnet.
Verbreitungsgebiet: Peruanische Anden, an den Abhängen gegen den Pazifischen Ozean auf trockenen Böden mit gutem Wasserabfluß.
Vermehrung: Durch Samen oder Stecklinge, die man als junge Zweige an der Basis abtrennt.

▸ *Haworthia cooperi*

Familie: *Liliaceae*
Name: Er erinnert an Adrian H. Haworth (1767–1833), einen der bedeutendsten englischen Sukkulentenfachleute seiner Zeit.
Beschreibung: Die fleischige Blattrosette dieser kleinen Pflanze ist eher niedrig, kann aber mit der Zeit fünfzehn Zentimeter Höhe erreichen. Sie sendet am Grund buschig auswachsende Seitensprosse aus und außerdem Seitenzweige aus ihren Blattachseln. Die schmalen, spitzen, sukkulenten Blätter sind hellgrün am Schatten und werden bronzefarben an der Sonne. Sie tragen derbe Haare und enden in einer langen Borste. Die ganze Blattoberfläche ist von durchsichtigen Flecken durchsetzt, die man nur im Gegenlicht gewahrt. Das Blattende ist jedoch ganz transparent und von dunkelgrünen Linien gezeichnet. Wie bei der ganzen Gattung stehen die unscheinbaren kleinen glockigen Blüten auf einem langen Stengel. Man hält die Pflanze nur wegen der reizenden Blätter.
Verbreitungsgebiet: Südafrika.
Vermehrung: Durch die vielen Seitensprosse, die die Pflanze bildet. Sie gedeiht besser, wenn sie leicht beschattet wird.

▾ *Haworthia limifolia var. keithii*

Familie: *Liliaceae*
Beschreibung: Diese Pflanze von interessanter Gestalt besteht aus einer stammlosen Rosette mit etwa sieben Zentimeter langen lanzenförmigen, stark zugespitzten Blättern, die eng ineinandergeschachtelt und spiralig angeordnet sind. Ihr Hauptmerkmal besteht darin, daß sie sensenförmig und oben an den Rändern eingerollt sind. Die Spreite ist dunkelgrün, wird jedoch an der Sonne bronzefarben. Die Blattoberfläche wird von bleichgrünen Querstreifen durchzogen, die aus sehr nahe beieinanderstehenden Warzen bestehen. Die Blattrosette kann zehn Zentimeter Durchmesser übertreffen und basale Seitensprosse aussenden. Der Blütenstand besteht wie in der ganzen Gattung aus kleinen unbedeutenden Blüten. Ein leicht schattiger Standort wird für diese Pflanze der beste sein. Zuwenig Licht oder zuviel Sonne lassen die Pflanze erblassen, beziehungsweise rot werden.
Verbreitungsgebiet: Im Westen Südafrikas, auf den Hängen der Drakensberge und in Swaziland.
Vermehrung: Durch grundständige Seitensprosse.

▲ *Haworthia planifolia*

Familie: *Liliaceae*
Beschreibung: Die Fachleute teilen diese Art in zahlreiche Unterarten und Formen ein, die nur geringe Unterschiede aufweisen und oft örtliche Varietäten der einen Art darstellen. Die typische Art hat eine stammlose Blattrosette, die am Grund viele Seitensprosse bildet und einen Durchmesser von zehn Zentimetern erreichen kann. Die sukkulenten Blätter sind eiförmig- zugespitzt, bis zu fünf Zentimeter lang und in einer Spirale angeordnet. Die Oberseite ist flach, die Unterseite gegen den Blattgrund zu gekielt. Die Farbe ist ein bleiches Grün, und durchsichtige Linien ziehen gegen die Spitze. Die langen Blütenstände bestehen aus kleinen, wenig ansehnlichen röhrigen Blüten. Um ihre Farbe und die fleischigen Blätter zu bewahren, bedarf die Pflanze eines halbschattigen Standortes. Zuviel Sonne verursacht an den Blättern Sonnenbrand.
Verbreitungsgebiet: Kap der Guten Hoffnung in Südafrika, hauptsächlich aus dem südöstlichen Küstengebiet in der Nähe von Port Elizabeth und East London.
Vermehrung: Durch grundständige Seitensprosse, sobald diese Wurzeln geschlagen haben. Man bringt sie dann in sandige trockene Erde. Wenn noch keine Wurzeln vorhanden sind, können sie als Stecklinge verwendet werden.

▸ *Haworthia reinwardtii*

Familie: *Liliaceae*
Beschreibung: Diese Pflanze besteht aus einer Blattrosette, die sich mit der Zeit verlängert, indem sie einen kurzen Stamm bildet. Er bleibt aber unsichtbar, da er von den sehr eng beieinanderstehenden, fleischigen und aufrecht stehenden Blättern bedeckt wird. In Kultur erreicht die Pflanze eine Höhe von etwa fünfzehn Zentimetern. Sie bildet gern kleine dichte Büsche. Die spiralig angeordneten Blätter sind lanzenförmig zugespitzt und ein wenig rauh. Die Oberseite ist flach oder leicht angeschwollen, die Unterseite gekielt; außerdem ist die dunkelgrüne Oberfläche von weißen Punkten gezeichnet, die zusammenlaufende Streifen bilden. Jeder Punkt ist leicht erhöht, gleich einer Warze. Der lange schlanke Blütenstand erreicht bis zu dreißig Zentimeter Höhe und trägt eine geringe Anzahl kleiner weißlichgrüner, von rosafarbenen Linien durchzogenen röhrigen Blüten. Von der Pflanze existieren verschiedene Varietäten, unter denen sich *H. kaffirdriftensis* befindet. Sie ist niedriger, auffälliger, weist in Längsreihen angeordnete größere weiße Warzen auf, die auf dem Blattrand durchsichtig sind. Mitunter wird die hier abgebildete Art mit *H. coarctata* verwechselt, die aber lichter und weniger auffällig punktiert ist.
Verbreitungsgebiet: Kap-Provinz in Südafrika.
Vermehrung: Die Pflanze wird leicht buschig, so daß man sie durch basale Nebensprosse vermehren kann.

▼ *Huernia hislopii*

Familie: *Asclepiadaceae*
Name: Der Name sollte eigentlich an den holländischen Missionar Justin Heurnius (1587–1652) erinnern, welcher als erster die Flora um das Kap der Guten Hoffnung studiert hat. Der englische Botaniker Robert Brown (1773–1858), der um 1800 als erster die Bezeichnung einführte, schrieb den Namen des Holländers wegen der anderslautenden Aussprache aber falsch, und der Fehler blieb seither erhalten.
Beschreibung: Wie die ganze Gattung hat die kleine Sukkulente fleischige blattlose Sprosse mit vorstehenden Rippen, auf denen kleine Zähne sitzen, die nichts anderes als umgewandelte Blätter darstellen. Die Sprosse verzweigen sich nach der Seite und bilden so kleine Kolonien. Die Blüten entspringen den Knoten, die nahe den vorstehenden Zähnen liegen. Sie sind glockenförmig und haben einen Kelch mit zehn Spitzen. Ihre Farbe ist beigeweiß oder gelblich, durchsetzt von dunkelroten Flekken. Noch aufdringlicher als bei *Stapelia* strömen die Blüten der ganzen Gattung einen unangenehmen Duft aus. Sie werden von aasliebenden Insekten bestäubt, die von diesem Duft angezogen werden.
Verbreitungsgebiet: Südliches Rhodesien (Zimbabwe).
Vermehrung: Durch Samen oder Stecklinge, die sich auf fast trockenem Sand leicht bewurzeln.

▲ *Heliocereus speciosus*

Familie: *Cactaceae (*Tr. *Cereae,* Subtr. *Hylocereinae)*
Name: Von griechisch *hélios,* «Sonne», verbunden mit *cereus.* Es ist jedoch nicht bekannt, ob sich der Name auf den sonnigen, wüstenhaften Lebensraum der Pflanze bezieht oder auf die am Tag aufgehenden Blüten.
Beschreibung: Die eher dünnen Sprosse dieser Pflanze stehen entweder halb aufrecht oder neigen sich und sind vom Grund auf verzweigt. Sie erreichen bis einen Meter Länge, weisen vier Kanten auf und senden manchmal Luftwurzeln aus. Die eher scharfen Rippen sind unregelmäßig gezähnt. Darauf sitzen die wolligen Areolen, aus denen fünf bis acht nadelförmige borstige Dornen von zuerst gelblicher, dann brauner Farbe stechen. Die auffälligen Blüten, die an mehrjährigen Trieben erscheinen, sind gegen fünfzehn Zentimeter lang mit einer acht Zentimeter langen schuppigen, borstigen Röhre und leuchtend roten Kronblättern, die je nach dem Lichteinfall wie Stahl glänzen. Sie öffnen sich tagsüber während mehrerer aufeinanderfolgender Tage. Da sie von außerordentlicher Schönheit sind, kreuzte man die Pflanze mit verschiedenen Arten von *Phyllocactus.* Daraus gingen viele neue Hybriden hervor.
Verbreitungsgebiet: Zentralmexiko, auf trockenen felsigen Böden.
Vermehrung: Im Sommer durch Stecklinge in kaum feuchtem Sand.

▾ ***Hylocereus undatus***

Familie: *Cactaceae* (Tr. *Cereae,* Subtr. *Hylocereinae)*

Name: Aus griechisch *hýle,* «Wald», weil diese Pflanzen in den tropischen Wäldern Amerikas leben, und *cereus.*

Beschreibung: Diese Art, die eher unter ihrem alten Namen *Cereus triangularis* bekannt ist, ist ein klimmender Halbepiphyt. Bei genügender Luftfeuchtigkeit sendet er Luftwurzeln aus, mit denen er sich überall festhält. Seine gegliederten, dreikantigen grünen Sprosse mit dünnen, kielförmigen Rippen sehen wie Flügel aus. Bei jedem Knoten verzweigen sie sich. Die Areolen tragen sehr kurze braune Dornen. Am gleichen Ort entspringen die wunderschönen nächtlichen Blüten mit einem Durchmesser bis zu dreißig Zentimetern. Die äußeren, ausgebreiteten Blätter der Blütenhülle sind schmal, von rötlicher Farbe auf der Außenseite und grünlichweißer auf der Innenseite. Die inneren Hüllenblätter sind groß und schneeweiß. Bei guter Haltung im Gewächshaus erreichen die Sprosse eine Länge von zehn Metern.

Verbreitungsgebiet: Von den südmexikanischen Wäldern über Mittelamerika bis nach Brasilien.

Vermehrung: Durch Samen oder Stecklinge von Sproßsegmenten. Kurze, dicke Zweige werden oft als Pfropfunterlage für empfindlichere Arten verwendet. Die Pflanze verlangt Wärme und einen halbschattigen Standort.

◂ *Kalanchoe beharensis*

Familie: *Crassulaceae*
Name: Der Name dieser Gattung hat einen ungewissen Ursprung; man nimmt an, er sei chinesischer Herkunft. Sein Schöpfer Michel Adanson, ein französischer Botaniker, gab keine Erläuterung. Zudem wird auch noch über die Zusammensetzung der Gattung diskutiert. Moderne Autoren glauben in ihr drei Unterabteilungen zu erkennen: *Kitchingia, Bryophyllum* und *Kalanchoe.* Die Anhänger Alwin Bergers sehen aber in den erwähnten Unterabteilungen drei eigenständige Gattungen.
Beschreibung: Aufrechte Staude mit eher dünnem, im oberen Abschnitt behaartem Sproß bis zu drei Metern Höhe. Die großen langgestielten Blätter stehen kreuzweise gegenständig. Sie sind dreieckig-zugespitzt. Die Oberseite ist nach innen gewölbt, dicht behaart und rostfarben, die Unterseite (wie auch junge Blätter) ist von einem dichten silbrigen Haarfilz überzogen. Der Rand ist rundlich gezähnt, wobei er sich gegen den Blattgrund zu aufwölbt, so daß er eine Rinne bildet. Der Sproß verliert unten die Blätter und verzweigt sich schwach. Die röhrig gelben, innen violetten Blüten stehen in langen Blütenständen.
Verbreitungsgebiet: Südliches Madagaskar.
Vermehrung: Durch Sproßstücke oder durch Blattstecklinge.

▸ *Kalanchoe daigremontiana*

Familie: *Crassulaceae*
Beschreibung: Diese Sukkulente (auch *Bryophyllum daigremontianum* genannt) ist ein robustes Kraut mit aufrechtem Sproß bis zu fünfzig Zentimeter Höhe und zwanzig Zentimeter langen dreieckig zugespitzten, kreuzweise gegenständigen Blättern, die stark nach außen gebogen sind, beinahe gerollt. Die Oberseite ist grün, bronzefarben bei starker Sonnenbestrahlung, und die graugrüne Unterseite ist unregelmäßig violettrot gefleckt. Eine ebenfalls violettrote Linie zieht sich den rundlich gezähnten Rändern entlang. Das Kennzeichen der Unterabteilung – oder Gattung – *Bryophyllum* sind Sprößlinge, die an den Blättern erscheinen. Es sind kleine, schon vollentwickelte Pflänzchen, die sich bei Bodenkontakt sofort bewurzeln. Beim hier abgebildeten Exemplar entstehen sie am Blattrand zwischen zwei Zähnen und bilden die Wurzeln bereits in der Luft. Diese Eigenschaft läßt die Pflanze oft lästig werden, wuchert sie doch wie Unkraut. Die langen endständigen Blütenstände sind an ihrer Spitze kurz verzweigt und tragen glockenförmig hangende, violettgraue Blüten mit kleinen Lappen.
Verbreitungsgebiet: Südöstliches Madagaskar.
Vermehrung: Durch die Pflänzchen, die an den Blatträndern gebildet werden (blattbürtige Brutknospen), sich verstreuen und schnell wachsen. Die Pflanze verliert im unteren Teil leicht die Blätter, besonders bei voller Besonnung.

▸ *Kalanchoe fedtschenkoi var. marginata*

Familie: *Crassulaceae*
Beschreibung: Auch diese Pflanze gehört zur Unterabteilung *Bryophyllum,* aber die Brutknospen an den Blatträndern erscheinen im allgemeinen weniger oft. Diese Art stellt einen Strauch mit halbhangenden, stark verzweigten dünnen Trieben dar. An den Knoten, wo die abgefallenen Blätter standen, wachsen Nebenwurzeln, die in die Erde einzudringen versuchen. Die fast ungestielten Blätter sind oval, stehen kreuzweise gegenständig, und die Ränder sind rundlich gezähnt. Ihre Farbe ist blaugrün. Sie sind von einer dünnen Wachshaut überzogen, und am Grund des runden Zahnes befindet sich ein braunrötlicher Tupfen. Die bis dreißig Zentimeter hohen Blütenstände tragen an ihrer Spitze glockenförmige, bräunlich-rosafarbene Blüten, und der Stengel ist von Deckblättern besetzt. Die Varietät *marginata* ist eine Mutante, bei der die Blattränder unregelmäßig weiß sind und eine leichte, zuweilen intensive rosafarbene Tönung haben. Die weißen Partien können sich auf die Spreite ausdehnen und sogar ganz weiße Blätter verursachen.
Verbreitungsgebiet: Madagaskar. Die hier erwähnte Mutante wurde durch Züchtung erhalten.
Vermehrung: Durch Brutknospen, Sproß- oder Blattstecklinge. Es müssen Blätter mit wenigstens teilweise grüner Spreite sein. Weiße Blätter bewurzeln sich nicht.

▲ *Kalanchoe marmorata*

Familie: *Crassulaceae*

Beschreibung: Ausdauernde, sehr sukkulente Pflanze, die sich vom Grund auf verzweigt und dicke aufrechte Sprosse entwickelt, die sich mit der Zeit nach der Seite ausstrecken. Die gegenständigen ungestielten, sehr fleischigen und bis zu zehn Zentimeter langen Blätter sind eiförmig und ihre gebuchteten Ränder manchmal gewellt. Die graugrüne Blattoberfläche ist von einer blaugrünen Wachsschicht überzogen, die an hellen Standorten rosafarben wird. Unter- und Oberseite sind von eher großen violettbraunen Flecken besetzt. Die Pflanze bringt nur kärglich Blüten hervor, doch manchmal erscheinen im Frühling mit wenigen Blüten bestückte Blütenstände. Die weißen Blüten mit langer Röhre, die sich in kleine Lappen auflöst, sind aufrecht angeordnet. Um die Farben zu bewahren, benötigt die Pflanze viel Sonne. Am Schatten vergeilen die Triebe und die Blätter bleiben vollständig grün. Das Halten dieser Pflanze ist nicht einfach, da die Sprosse die Blätter verlieren und sich verkrümmen. Zudem wird die Triebspitze oft von Schildläusen befallen, welche die Neubildungen entstellen.

Verbreitungsgebiet: Eritrea und Äthiopien.

Vermehrung: Durch Sproß- oder Blattstecklinge, die in feuchten Sand gestellt werden. Es empfiehlt sich, Stecklinge von Sproßspitzen zu bilden, da diese junge, vom Grund auf beblätterte kompakte Pflanzen ergeben. Oft wird die Mutterpflanze weiterwachsen

▸ *Kalanchoe tomentosa*

Familie: *Crassulaceae*

Beschreibung: Strauchige Pflanze, die in der Natur über fünfzig Zentimeter hoch wird, in Kultur jedoch immer niedriger bleibt. Der Sproß wächst aufrecht und ist verzweigt. Die ovalen, fleischigen, ungestielten Blätter haben eine eingebuchtete Oberseite und eine gekielte Unterseite. Diese ist bis zu den gerundeten Rändern von einem dichten weißen Haarfilz überzogen. Davon ausgenommen ist die Blattspitze, wo man bei jungen Exemplaren einen rotbraunen, bei älteren einen dunkelbraunen Haarfilz antrifft. Es entsteht so der Eindruck einer mehr oder weniger dichten Tüpfelung. Die Blattlänge kann sieben Zentimeter erreichen. Wenn die Blätter älter werden, biegen sie sich nach außen und fallen ab, so daß der Stengel nackt wird. Dies geschieht hauptsächlich, wenn die Pflanze der Kälte ausgesetzt ist, oder im Sommer bei übermäßiger Trockenheit.

Verbreitungsgebiet: Mittleres Madagaskar.

Vermehrung: Durch Samen oder Stecklinge von Sproßspitzen, besonders wenn man die alte, fast blattlose Mutterpflanze verjüngen will. Man kann aber auch Blattstecklinge reifer Blätter nehmen, die man bei guter Wärme auf feuchten Sand legt. Nach kurzer Zeit erscheint am Blattgrund die junge Pflanze.

▲ *Kalanchoe tubiflora*

Familie: *Crassulaceae*

Beschreibung: Diese Sukkulente hat viele Namen, ist aber den meisten als *Bryophyllum tubiflorum* bekannt. Robust und «lebendgebärend» par exellence, wird sie wegen der sehr zahllosen Brutknospen im Gewächshaus oder im Blumentopf mit der Zeit lästig. Der aufrechte Sproß ist nur ausnahmsweise verzweigt, und in seiner natürlichen Umgebung erreicht er eine Höhe von etwa einem Meter. Er erlangt aber auch in Kultur eine beachtliche Größe. Ihm entspringen die langen röhrenförmigen Blätter, die auf der Oberseite eine leichte Rinne aufweisen. Die Spitze zeigt viele gerundete Zähne, an denen die Brutknospen erscheinen. Diese entwickeln schon auf der Mutterpflanze Wurzeln und wachsen rasch weiter, wo immer sie auch hinfallen. Die Blattfarbe ist in schwachem Licht grün, an der Sonne blaugrün mit einem rosafarbenen Ton; sie wird von violettbraunen Flecken unterbrochen. Der an die zwanzig Zentimeter lange endständige Blütenstand trägt an seiner Spitze viele glockenförmige, hangende Blüten mit fast zwei Zentimeter langer roter oder violetter Krone. Die Pflanze blüht im Winter, und dies bei gut entwickelten Exemplaren recht häufig, sofern Wärme und Licht ausreichen.

Verbreitungsgebiet: Südliches Madagaskar. Es ist möglich, daß sich diese Pflanze in Kultur mit *Kalanchoe daigremontiana* kreuzt und so Hybriden hervorbringt, deren Blätter eine Zwischenstellung zwischen den elterlichen Typen einnehmen.

Vermehrung: Durch Samen oder Brutknospen.

► *Lampranthus emarginatus*

Familie: *Mesembryanthemaceae*
Name: Von griechisch *lamprós,* «leuchtend», und *ánthos,* «Blüte», aufgrund der leuchtend farbigen Blüten.
Beschreibung: Diese halbstrauchigen Pflanzen werden botanisch in nicht weniger als sieben Unterabteilungen gegliedert. Tatsächlich gibt es nicht nur eine große Anzahl Arten: sie sind auch schwierig von verwandten Gattungen zu unterscheiden. Ihre Gestalten sind so verschieden, daß man aufrechtwachsende bis ganz ausgestreckte Sprosse findet, Blätter, deren Formen zylindrisch bis dreieckig sind, und Blüten aller Farben, blau ausgenommen. Die hier erwähnte Art hat aufrecht stehende braune Zweige, die langsam verholzen. Die gestauchten halbzylindrischen Blätter sind leicht gekielt, so daß sie beinahe dreikantig erscheinen. Sie münden in eine kurze Spitze. Ihre Farbe ist grüngrau, wobei die Oberfläche dicht von durchsichtigen Tupfen übersät ist. Die Pflanze ist sehr blütenreich; ihre Blüten mit schmalen, leuchtend lilarosafarbenen oder violetten Kronblättern weisen einen Durchmesser von zirka drei Zentimetern auf. Sie verlangt einen Boden mit gutem Wasserabfluß und eignet sich besonders für die Freilandkultur in Küstengärten milder Klimate.
Verbreitungsgebiet: Südafrika, Küstenregion südöstlich von Kapstadt.
Vermehrung: Durch Samen oder Stecklinge halb verholzter Zweige.

▼ *Lampranthus roseus*

Familie: *Mesembryanthemaceae*
Beschreibung: Dieser Strauch zeichnet sich durch seine große Blütenpracht aus. Er bildet dicke Büsche mit aufrechten Sprossen und Zweigen bis zu sechzig Zentimeter Höhe, die am Grund verkorken. Die fleischigen, drei Zentimeter langen Blätter werden an beiden Enden schmaler und sind von einer durchsichtigen, mehr oder weniger hervortretenden Tüpfelung bedeckt. Die Blüten haben in der Mitte ein Kissen aus unzähligen gelben Staubblättern und schmale bleichrosafarbene Kronblätter, die gegen die Mitte hin etwas dunkler werden. Sie erheben sich über den Strauch und bilden auffällige farbige Felder. Auch diese Art ist gegen länger dauernde Nässe empfindlich und gedeiht auf sandigen, felsigen Böden mit gutem Wasserabfluß am besten. Sie verlangt viel Sonne und verträgt keinen Frost. Man kann sie in milden Klimaten an geschützten Orten im Freiland halten. Andernfalls bringt man Stecklinge, die man im Sommer gezogen hat, während des Winters an einen kühlen luftigen Ort und stellt sie danach wieder ins Freie, wo sie im Frühling bis Sommer Blüten hervorbringen.
Verbreitungsgebiet: Südafrika, in den Bergen der Region von Kapstadt.
Vermehrung: Durch Samen oder Stecklinge von halb verholzten Zweigen in sandigem, fast trockenem Boden.

▾ *Lemaireocereus chende*

Familie: *Cactaceae* (Tr. *Cerae,* Subtr. *Cereinae)*
Name: Er erinnert an den französisch-belgischen Kakteenfachmann Charles Antoine Lemaire (1801–1871). Obwohl Curt Backeberg die Art neulich der Gattung *Heliabravoa* zuwies, hat sich die neue Bezeichnung noch nicht durchgesetzt.
Beschreibung: Dieser Kaktus ist einer von denen, die Baummaß erreichen. So wächst er in der Natur zu fünf Meter Höhe heran. Er ist von säuligem Wuchs und verzweigt sich vom Grund auf. Der dunkelgrüne Sproß hat etwa sieben vorstehende Rippen, die sich mit der Zeit runden. Darauf sitzen die mit wenigen kurzen Dornen bewaffneten Areolen. Anfänglich sind sie gelb, dann grau. Die Blüten, die seitlich entspringen, sind fünf Zentimeter lang und haben eine schuppige, behaarte Röhre und eine trichterförmige Krone. Die Kronblätter sind rosafarben, mehr oder weniger dunkel gestreift oder teilweise weiß mit rosafarbenen Streifen. Die Früchte sind rot und äußerst stark bedornt.
Verbreitungsgebiet: Mexiko.
Vermehrung: Durch Samen. Es ist auch möglich, Stecklinge von Zweigen älterer Pflanzen zu nehmen. Bevor man sie in die Erde bringt, muß die Schnittwunde eingetrocknet sein.

▾ *Leuchtenbergia principis*

Familie: *Cactaceae* (Tr. *Cacteae,* Subtr. *Cactinae)*
Name: Im Jahre 1817 erhielt der Stiefsohn Napoleons, Eugène de Beauharnais, den Titel eines Herzogs von Leuchtenberg. Dieser Name ging auch auf seinen Sohn über. Obschon sich keiner der beiden um die Botanik verdient machte, hat William Jackson Hooker (1785–1865), Direktor des Botanischen Gartens von Kew in London, der Pflanze diesen Namen aus Sympathie zu einem der beiden erwähnten Männer verliehen.
Beschreibung: Die Gattung ist für sich selbst typisch (monotypisch) und umfaßt fast nur diese eine Art, die sich von ähnlichen Gattungen wie *Echinocactus* stark unterscheidet. Der Sproß entspringt einer dicken Rübenwurzel. Er ist durch dreikantige und zugespitzte Warzen bis zu zehn Zentimeter Länge gekennzeichnet. Sie sind rauh und ähneln den Blättern der Agave. Wegen ihrer graugrünen Farbe und der Tatsache, daß sie sich nach außen wie Blätter verbreitern und am Grund des Sprosses verdorren, liegt dieser Irrtum nahe. Aber im Gegensatz zu Blättern tragen sie an der Spitze eine Areole mit sechs bis neun papierartigen radialen Randdornen und einem viel längeren Zentraldorn. Die Blüten sind innen gelb, außen rötlich und strömen einen Wohlgeruch aus. Ihnen folgen graue und schuppige Früchte.
Verbreitungsgebiet: Mexiko.
Vermehrung: Durch Samen.

◂ *Lithops aucampiae*

Familie: *Mesembryanthemaceae*
Name: Von griechisch *líthos,* «Stein», und *ops,* «Erscheinung, Schein», wegen der Mimese, die diese Pflanzen auf dem Boden als Steine erscheinen läßt.
Beschreibung: Dieser Gattung gehören zahlreiche Arten an, die unter dem Namen «lebende Steine» bekannt sind. Die Pflanzen bestehen aus konischen, tief eingegrabenen Körpern, so daß der Sproß unsichtbar bleibt. Der oberirdische Teil besteht aus einem Paar äußerst sukkulenter Blätter, die auf ihrer ganzen Länge miteinander verwachsen sind und deren Ende halbrund und abgeplattet ist. Manchmal ist dieses flache Blattende gefenstert, manchmal von dünnen farbigen oder durchsichtigen Linien gezeichnet, durch welche das Sonnenlicht in den unterirdischen Teil dringt. Die Vielfalt der Zeichnungen ist enorm und eine Klassifizierung oft unmöglich. Diese Art hier ist eine der größten und wird leicht buschig. Der Scheitel der Pflanze ist stark gestaucht, braun, groß gefenstert und dunkelbraun gezeichnet. Das Gewebe darum und der Spalt sind blaugrün. Die gelbe Blüte von etwa drei Zentimeter Durchmesser erscheint im September aus der Mitte.
Verbreitungsgebiet: Südafrika, von Transvaal bis Botswana.
Vermehrung: Durch Samen.

▼ *Lithops turbiniformis*

Familie: *Mesembryanthemaceae*
Beschreibung: Der Körper dieser zierlichen Pflanze ist konisch-eiförmig und ragt bis zu zweieinhalb Zentimeter aus dem Boden. Der flache Scheitel ist leicht nach oben gebuchtet, und ein Spalt in der Mitte teilt ihn in zwei halbrunde Teile mit runzeliger bräunlicher Oberfläche, die von dunkelbraunen, verzweigten, eingesenkten Linien gezeichnet ist. Das Gewebe darum herum ist grau. Aus der Spalte tritt eine gelbe Blüte von fast vier Zentimeter Durchmesser hervor. Wie bei der ganzen Gattung beginnt die Vegetationsperiode im Frühling. Dann erscheinen die Neubildungen. Der Spalt verbreitert sich, der alte Teil wird runzelig und verdorrt. Der neue Körper – oder mehr als einer, wenn die Pflanze buschig ist – verdickt sich bis in den Herbst hinein. Am Ende des Wachstums erscheinen die Blüten. Meistens ist bis zu diesem Zeitpunkt die Hülle, die aus den alten Blättern gebildet wird, verschwunden, aber bei der hier erwähnten Art überdauert sie mehr als ein Jahr.
Verbreitungsgebiet: Südafrika, verschiedene Zonen der Kap-Provinz und quer durch die Wüste Karoo bis zum Oranje.
Vermehrung: Durch Samen.

▼ *Lobivia boliviensis*

Familie: *Cactacea (*Tr. *Cereae,* Subtr. *Echinopsidinae)*
Beschreibung: Eine in Kultur nicht stark verbreitete Art, die zudem wegen der Kreuzungen mit anderen nicht leicht von daraus hervorgegangenen Bastarden zu unterscheiden ist. Sie hat gewöhnlich einen Einzelsproß, und nur alte Pflanzen senden Seitentriebe aus. Die Gestalt ist zu Anfang noch kugelig, wird mit der Zeit aber zylindrisch. Der Sproß weist etwa fünfzehn in Warzen aufgelöste, nicht stark vortretende Rippen auf. Jede Warze trägt eine behaarte Areole mit zahlreichen nach der Seite ausgestreckten graubraunen Dornen und einem zentralen Dorn, der länger und nach oben gebogen ist. In einigen Varietäten und bei einigen Bastarden trifft man drei oder vier zentrale Dornen von unterschiedlicher Dicke und Länge. Die trichterförmigen Blüten, die im oberen Teil des Sprosses erscheinen, sind groß und auffällig mit zahlreichen schmalen, orangegelben Kronblättern.
Verbreitungsgebiet: Bolivien, wie im Namen angegeben.
Vermehrung: Durch Samen oder basale Seitensprosse.

► *Lobivia aurea*

Familie: *Cactaceae (*Tr. *Cereae,* Subtr. *Echinopsidinae)*
Name: Der Name ist nichts anderes als das Anagramm von Bolivien, dem Land, wo einige Arten dieser Gattung entdeckt wurden. Obwohl schon R. T. Lowe in seinem 1868 erschienenen «Handbuch der Flora von Madeira» diese wenig wissenschaftliche Gewohnheit rügte, fuhren viele Botaniker fort, Ortsnamen oder Namen anderer Pflanzen umzuwandeln, um ihre Neuentdeckungen zu bezeichnen. In diesem Fall waren es die beiden berühmten Kakteenwissenschaftler Nathaniel L. Britton und Joseph N. Rose, die dieser Pflanze den Namen gaben und sie aus der Gattung *Echinopsis* entfernten, in die sie von einem deutschen Botaniker zu Beginn des 19. Jahrhunderts gewiesen worden war.
Beschreibung: Kleine kugelige Pflanze, die ausgewachsen zylindrisch wird, aber zehn Zentimeter Höhe nicht überschreitet. Der dunkelgrüne Sproß hat zirka fünfzehn vorstehende, leicht höckerige Rippen. Aus den Vertiefungen wachsen die behaarten Areolen mit sechs bis acht kurzen, braungelblichen Radialdornen und einem aufrechten Zentraldorn. Die Blüten entspringen zur Hauptsache den unteren Areolen und haben eine eher kurze wollige Röhre, aus der die grünlichen Kelchblätter und die zahlreichen leuchtend zitronengelben Kronblätter treten.
Verbreitungsgebiet: Mittelargentinien, Region von Córdoba.
Vermehrung: Durch Samen und basale Seitensprosse.

◀▲ *Lobivia densispina*

Familie: *Cactaceae (*Tr. *Cerea,* Subtr. *Echinopsidinae)*
Beschreibung: Diese kleine Art hat einen ovalen oder zylindrischen Körper von maximal fünfzehn Zentimeter Höhe. Die etwa zwanzig Rippen sind leicht spiralig und an den Punkten, wo die Areolen erscheinen, unregelmäßig vorstehend. Die Areolen tragen kurze weißliche oder gelbe Dornen, die sich kreuzen und so den ganzen Sproß bedecken. Die Blüten erscheinen nah dem Scheitel. Sie sind vier Zentimeter lang, haben eine schuppige und wollige Röhre und zahlreiche cremeweiße bis rote Kronblätter mit stumpfem Ende. Die Pflanze ist sehr blütenreich. Die Blüten öffnen sich tags und schließen sich nachts. Sie tun dies über mehrere Tage. Auch junge Pflanzen können Blüten hervorbringen, die den Sproß überragen. Es existieren viele Varietäten, darunter die vielkultivierte *L. haematantha.* Sie hat etwas kleinere rote Blüten, die bereits drei Jahre nach der Saat erscheinen.
Verbreitungsgebiet: Argentinien, nordwestliche Provinz La Rioja zwischen den Anden und den Sierras de Córdoba.
Vermehrung: Durch Samen. Da ältere Pflanzen Polster bilden, kann man auch Seitensprosse als Stecklinge verwenden.

▲ *Lobivia huascha var. rubra*

Familie: *Cactaceae (*Tr. *Cereae,* Subtr. *Echinopsidinae)*
Beschreibung: Dieser Pflanze kann man auch unter dem Namen *Trichocereus* begegnen. Sie wurde für einige Zeit dieser Gattung zugeschrieben. In Wirklichkeit weiß man aber nicht, welches ihr gültiger Name ist, da sich die Autoren darüber streiten. Die typische Art hat einen hellgrünen zylindrischen, aufrechten Sproß bis zu neunzig Zentimeter Höhe. Seine zahlreichen Rippen, auf denen die weißen Areolen hervortreten, sind niedrig und gerundet. Die vielen flachen, gelblichen Radialdornen werden allmählich braun, ebenso die vier bis sechs zentralen, die länger und kräftiger sind. Die großen gelben Blüten erscheinen seitlich nahe dem Scheitel und weisen an der Röhre braune Haare auf. Die Varietät *rubra,* auch als *rubriflora* bekannt, hat einen dünneren gelbgrünen Sproß mit nur zwölf Rippen. Die Dornen sind kürzer, und wie es der Name sagt, sind die Blüten rot. Sie öffnen sich am Nachmittag. Im übrigen verzweigt sie sich leicht vom Grund her und bildet so große Gruppen.
Verbreitungsgebiet: Westliches Argentinien.
Vermehrung: Sehr einfach durch Samen oder Stecklinge. Trockene Winterkälte schadet ihr nicht.

▸ *Lophophora williamsii*

Familie: *Cactaceae (*Tr. *Cacteae,* Subtr. *Cactinae)*
Name: Zusammengesetzt aus griechisch *lóphos,* «Kamm», und *phoréo,* «ich trage», wegen der unbewaffneten Areolen, die vor allem gegen den Scheitel zu von einem wolligen, stark vortretenden Schopf bedeckt sind. Deutsch: «Schnapskopf».
Beschreibung: Kugeliger, gestauchter, gräulichgrüner Sproß mit breiten gerundeten Höckern, auf denen die völlig dornenlosen Areolen sitzen. Solange die Pflanze jung ist, sind die Areolen nur schwach behaart. Nachher sind sie aber wollig und vorstehend. Die Blüten, die um den Scheitel erscheinen, sind klein und rosafarben. Die roten Früchte, die ihnen folgen, enthalten schwarze Samen. Das Wachstum ist sehr bescheiden, und die alten Exemplare, die naturgemäß Seitentriebe und dadurch Polster ausbilden, sind in Kultur eine Seltenheit. Dies nicht zuletzt deswegen, weil das tiefgründige Wurzelwerk im Blumentopf keinen Platz findet und das sehr langsame Wachstum noch zusätzlich verzögert. Die Pflanze enthält halluzinogene Alkaloide und wurde deshalb bei religiösen Zeremonien indianischer Stämme verwendet.
Verbreitungsgebiet: Texas und Mexiko, auf porösen trockenen Böden.
Vermehrung: Im allgemeinen vermehrt man durch Samen, die aber nur von größeren Exemplaren hervorgebracht werden.

◂ *Mammillaria bocasana*

Familie: *Cactaceae (*Tr. *Cacteae,* Subtr. *Cactinae)*
Name: Vom lateinischen *mammilla,* «Brustwarze», wegen der vorstehenden Warzen aller Arten. Deshalb auch «Warzenkaktus» genannt.
Beschreibung: Dies ist eine der in Kultur am meisten verbreiteten Arten, sei es wegen der einfachen Haltung oder wegen ihres Blütenreichtums. Die Pflanze hat einen kugeligen Sproß, der mit zunehmendem Alter leicht zylindrisch wird und zahlreiche Seitensprosse aussendet. Die nicht sehr stark vortretenden Warzen verschwinden fast ganz, weil die feinen weißen Borsten der achselständigen Areolen sie verdecken. Die Areolen an der Warzenspitze haben fünfundzwanzig bis dreißig dünne, biegsame weiße Dornen. Zwischen ihnen erscheinen zwei bis drei rauhe, ebenfalls dünne gelbe Dornen mit roter Spitze. Einer dieser Dornen ist hakenförmig gebogen und oft bräunlich. Die kleinen Blüten stehen in einem Kranz um den Scheitel. Sie entspringen aus den Achseln der Warzen und bilden einen einfachen Kranz aus kleinen gelben, zugespitzten, rot gestreiften Blättern. Wenn die Blüten befruchtet werden, folgen ihnen dünne lange, scharlachrote Früchte, die über Monate an der Pflanze verbleiben und sehr dekorativ wirken.
Verbreitungsgebiet: Mexiko.
Vermehrung: Durch Samen, oder wenn die Pflanze Polster gebildet hat, durch Seitentriebe.

▸ *Mammillaria compressa*

Familie: *Cactaceae (*Tr. *Cacteae,* Subtr. *Cactinae)*
Beschreibung: Diese Art, die man eher unter dem alten Namen *Mammillaria angularis* kennt, ist sehr veränderlich und umfaßt verschiedene Formen und Varietäten. Die niedrigen Sprosse sind kugelig oder halbzylindrisch und am sehr wolligen Scheitel leicht abgeflacht. Dichte weißwollige Behaarung findet man auch in den Warzenachseln und auf den jungen Areolen. Die kurzen dicken Warzen sind eckig, und auf ihrer schrägen Spitze sitzen vier oder mehr Dornen. Der untere, nach außen gerichtete und nach unten gebogene Dorn ist bedeutend länger als die andern und erreicht bis zu sieben Zentimeter Länge. Die rosafarbenen Blüten sind ungefähr einen Zentimeter lang. Die Pflanze ist nicht besonders blütenreich, bildet aber leicht große dicke Büsche, die sehr dekorativ wirken. Die wichtigsten Varietäten sind: *fulvispina* mit kürzeren, braunen Dornen; *longiseta* mit sehr wolligen Achseln und sieben Dornen, von denen der zentrale lang und weiß ist; *rubrispina* mit anfangs roten Dornen.
Verbreitungsgebiet: Zentralmexiko.
Vermehrung: Sehr einfach durch Samen oder Seitensprosse in sandiger Erde. Der austretende Milchsaft muß aber zuerst eintrocknen.

▲ *Mammillaria elongata*

Familie: *Cactaceae (*Tr. *Cacteae,* Subtr. *Cactinae)*
Beschreibung: Im Jahre 1812 hatte Adrian H. Haworth die Gattung *Mammillaria* geschaffen. Vor kurzem besann man sich wieder darauf, daß einige Arten wegen gemeinsamer Besonderheiten vom deutschen Botaniker J. Ch. Buxbaum (1694–1730) in der Gattung *Leptocladodia* zusammengefaßt worden waren, und beschloß, die ehemalige Gattung wieder einzuführen. Aus Gewohnheit werden jedoch die ungültig gewordenen Namen (zu denen auch *M. elongata* gehört) immer noch verwendet. Diese Pflanze hat einen zylindrischen, aufrechten oder halb ausgestreckten Sproß mit kleinen konischen Warzen. An deren Spitzen sitzen runde Areolen mit etwa zwanzig gelben, dünnen und nach außen gebreiteten Radialdornen, die auf dem grünen Sproß kleine, sich überkreuzende Sterne bilden. Die zentralen Dornen, einer bis drei an der Zahl, können fehlen. Die weißen oder gelblichen Blüten erscheinen gegen den Scheitel zu. Die Pflanze wächst schnell, wird buschig und verzweigt sich reichlich. Man kennt untereinander sehr ähnliche Varietäten.
Verbreitungsgebiet: Mexiko.
Vermehrung: Durch Stecklinge und Samen. Die Pflanze fürchtet übermäßige Feuchtigkeit; die Stecklinge müssen in sandige, fast ganz trockene Erde gebracht werden.

◂ *Mammillaria gracilis var. fragilis*

Familie: *Cactaceae (*Tr. *Cacteae,* Subtr. *Cactinae)*
Beschreibung: Diese buschige, stark verzweigte kleine Pflanze verdient zu Recht ihre Artsbezeichnung: tatsächlich lösen sich die kleinen Zweige beim leichtesten Stoß ab. Wo sie auf den Boden fallen, schlagen sie Wurzeln. Die Hauptsprosse können eine Höhe von zehn Zentimetern und einen Durchmesser bis zu zwei Zentimetern erreichen. Sie sind hellgrün und von kleinen Warzen bedeckt, die auf ihrer Spitze die winzigen Areolen mit zehn bis vierzehn weißen, stark abgeflachten oder nach außen gebogenen borstigen Radialdornen tragen, die sternförmig angeordnet sind. Alte Pflanzen haben zwei längere zentrale Dornen. Es gibt allerdings Varietäten, bei denen sie fehlen. Die kleinen cremefarbenen Blüten sind außen rosafarben. Ihnen folgen rote oder orangefarbene Früchte.
Verbreitungsgebiet: Zentralmexiko, Bundesstaat Hidalgo, nördlich von Mexiko-City. Die Pflanze ist gegen feuchte Kälte sehr empfindlich.
Vermehrung: Durch Zweigstecklinge auf sandiger Erde.

▸ *Mammillaria hahniana*

Familie: *Cactaceae (*Tr. *Cacteae,* Subtr. *Cactinae)*
Beschreibung: Diese wunderschöne Art hat einen kugeligen Körper von acht bis fünfzehn Zentimeter Durchmesser. Seine grüne Oberfläche ist fast völlig von Dornen, Haaren und weißen Borsten bedeckt. Auf den kleinen konischen Warzen sitzen die Areolen, aus denen etwa dreißig dünne weiße Borsten in alle Richtungen weisen. Aus ihrer Mitte treten zwei längere weiße mit rötlicher Spitze. Auch die Warzenachseln sind mit langen schneeweißen Borsten besetzt. Die kleinen violettroten Blüten entspringen den Warzenachseln und bilden um den Scheitel einen Kranz. Die junge Pflanze hat nur einen Sproß. Mit der Zeit bildet sie aber große haarige Polster.
Verbreitungsgebiet: Zentralmexikanische Hochebene im Staate Querétaro. Sie verlangt einen stark besonnten Standort.
Vermehrung: Durch Samen vermehrt, bringt die Pflanze bereits nach etwa drei Jahren Blüten hervor.

▸ *Mammillaria microcarpa*

Familie: *Cactaceae (*Tr. *Cacteae,* Subtr. *Cactinae)*
Beschreibung: Kleine Pflanze mit kugeligem Sproß, die nicht einmal zehn Zentimeter Höhe und einen Durchmesser von zirka fünf Zentimetern erreicht. Der Sproß wird praktisch ganz von den Dornen bedeckt. Die Warzen sind klein und oval. Aus den Areolen an ihrer Spitze stechen dünne weiße, einen Zentimeter lange Radialdornen strahlenförmig nach allen Seiten und überkreuzen sich mit solchen von Nachbarareolen. Es können bis zu dreißig sein, und aus ihrer Mitte ragen ein bis drei längere, rötliche, zentrale, von denen einer gebogen ist. Die Warzenachseln sind aller Haare und Borsten bar. Die Blüten, die kranzförmig um den Schopf erscheinen, sind rosafarben bis rot. Im Vergleich zur Größe des Sprosses ist ihr Durchmesser von zwei bis drei Zentimetern recht beträchtlich. Die Pflanze bildet manchmal Seitentriebe aus.
Verbreitungsgebiet: Das Areal dieser Pflanze erstreckt sich von Arizona und Texas bis zu den Staaten Sonora und Chihuahua im Norden Mexikos.
Vermehrung: Meistens durch Samen. In diesem Fall ist es möglich, daß Nachkommen von etwas verschiedener Gestalt und Blütenfarbe erscheinen. Pflanzen, die Seitentriebe gebildet haben, können natürlich durch diese vermehrt werden.

▴ *Mammillaria parkinsonii*

Familie: *Cactaceae (*Tr. *Cacteae,* Subtr. *Cactinae)*
Beschreibung: Der Sproß dieser Art ist zylindrisch, am Scheitel eingesunken, an die fünfzehn Zentimeter hoch und blaugrün. Seine Warzen sind konisch und leicht abgeflacht. Die wolligen Areolen tragen zahllose weiße, borstenähnliche Radialdornen. Die zwei zentralen sind weiß, in der oberen Hälfte bräunlich, und einer ist nach unten gebogen. Auch in den Warzenachseln erscheinen weiße wollige und borstige Haare, so daß die ganze Pflanze schneeweiß und haarig aussieht. Dies ist besonders am Schopf der Fall, wo die Areolen sehr dicht stehen und wo darum herum die kleinen gelblichen, in einer Krone angeordneten Blüten erscheinen.
Verbreitungsgebiet: Zentralmexiko.
Vermehrung: Durch Samen. Die erwachsenen Pflanzen verzweigen sich stark, so daß man sie auch durch Stecklinge vermehren kann. Das Wachstum ist langsam. Die Pflanze erträgt kühlere Temperaturen und bedarf einer langen winterlichen Ruhe.

▴ *Mammillaria sphacelata*

Familie: *Cactaceae (*Tr. *Cacteae,* Subtr. *Cactinae)*
Beschreibung: Auch diese Pflanze sollte heute der Gattung *Leptocladodia* zugeschrieben werden. Dieser Name wird aber praktisch nie verwendet. Es ist eine Pflanze mit zylindrischem, bis zu zwanzig Zentimeter hohem, eher dünnem hellgrünem Sproß und niedrigen konischen Wurzeln, die an der Spitze runde und wollige Areolen tragen. Die Warzenachseln weisen nur wenige Haare und Borsten auf. Die zahlreichen dünnen weißen, etwa einen Zentimeter langen Randdornen sind um einen einzigen zentralen Dorn strahlenförmig angeordnet. Die kleinen dunkelroten oder violettroten Blüten entspringen seitlich, nahe dem Scheitel. Die Pflanze verzweigt sich stark und bildet ausgedehnte Büsche. Das Wachstum ist aber sehr bescheiden. Da sie leicht von der Fäulnis befallen wird, soll sie während ihrer Ruhezeit vollkommen trocken gehalten werden. Selbst während der Vegetationsperiode sind nur kleine Wassergaben notwendig. Frost wird ebenfalls nicht vertragen.
Verbreitungsgebiet: Südmexiko, Bundesstaaten Puebla und Oaxaca (Sierra Madre del Sur).
Vermehrung: Durch Samen oder Stecklinge auf trockenem Sand mit sporadischer Benetzung. Sobald sie bewurzelt sind, werden sie in einen Topf gepflanzt.

▾ *Melocactus matanzanus*

Familie: *Cactaceae (*Tr. *Cacteae,* Subtr. *Melocactinae)*
Name: Vom lateinischen *melo,* der Abkürzung für *melopepo.* Es ist der Ausdruck, den Plinius für «Melone» gebrauchte. Der Name bezieht sich auf die Gestalt dieser Pflanzen, unter denen sich einige mit kugeligem Schopf befinden.
Beschreibung: Diese Pflanze hat einen abgerundeten grünen Körper mit sehr markanten durchlaufenden Rippen, die zwischen den Areolen hökkerig sind. Aus diesen Areolen entspringen sieben bis acht radiale Dornen verschiedener Länge. In ihrer Mitte steht ein zentraler Dorn. Alle Dornen sind anfangs rot und verblassen später. Der Schopf, der wie in der ganzen Gattung die Blütenknospen zu schützen hat, ist abgeflacht und wenig vorstehend. Seine Oberseite ist von kurzen roten Borsten bekränzt, die die weißwollige Schopfmitte, aus der die rosafarbenen Blüten erscheinen, umschließen. In den angelsächsischen Ländern hat die Pflanze den volkstümlichen Namen «Fes» (Turk's cap) erhalten.
Verbreitungsgebiet: Kuba.
Vermehrung: Durch Samen, da die Pflanze sich nicht verzweigt. Dieser reizvolle, schon klein blühende Melokaktus wird in neuerer Zeit recht häufig im Handel angeboten; in der Heimat ist diese Art äußerst selten geworden.

▸ *Myrtillocactus geometrizans*

Familie: *Cactaceae (*Tr. *Cereae,* Subtr. *Cereinae)*
Name: Vom lateinischen *myrtillus,* wegen der heidelbeerähnlichen Früchte (Heidelbeere = *Vaccinium myrtillus),* und *cactus.*
Beschreibung: Zuerst wurde diese Pflanze der Gattung *Cereus* zugeschrieben. Sie ist von säuligem Typ und hat einen eher kurzen Sproß, der sich wenig über dem Boden aufrecht verzweigt und eine Höhe von drei Metern erreicht. Sproß und Zweige sind blaugrün und fast blau an den Enden, die von einer weißlichen Wachsschicht überzogen und von schrägen Querlinien gezeichnet sind; diese zeugen von den Wachstumsphasen. Die etwa sechs eher scharfen Rippen tragen die leicht wolligen Areolen mit fünf kurzen Dornen. In deren Mitte steht ein längerer, der vor allem bei jungen Exemplaren fehlen kann. Die Blüten, die nur von sehr alten Pflanzen hervorgebracht werden, erscheinen in Gruppen auf den Areolen im oberen Abschnitt der Zweige. Sie sind klein mit einer kurzen Röhre und weißen Kronblättern. Die kleinen Früchte sind bläuliche, runde Beeren, die unseren Heidelbeeren gleichen. Sie sind in Mexiko, wo man sie «Garambullos» nennt, sehr beliebt.
Verbreitungsgebiet: Hochebenen Süd- und Zentralmexikos.
Vermehrung: Durch Samen oder Stecklinge junger Zweige.

▲ *Neoporteria heteracantha*

Familie: *Cactaceae (*Tr. *Cacteae,* Subtr. *Neoporteriinae)*
Name: Die Gattung erhielt ihren Namen zu Ehren des chilenischen Insektenforschers Carlos Porter.
Beschreibung: Diese Art gehört zu einer kleinen Gattung, die von den Botanikern Nathaniel L. Britton und Joseph N. Rose geschaffen wurde. Sie entfernten auch diese Pflanze aus der Gattung *Echinocactus.* Der kugelige, am Scheitel gestauchte dunkelgrüne Sproß hat zahlreiche Rippen. In erwachsenem Zustand können es gegen sechzehn sein. Darauf sitzen – besonders dicht am Schopf – die Areolen mit mehr als zwanzig gelblichen, radialen Dornen und vier oder fünf zentralen Dornen, die zuerst gelb sind, dann grau und drei bis fünf Zentimeter messen. Die Blüten am Scheitel haben eine schuppige und borstige Röhre mit dünnen haarigen Fäden, die auf den Früchten weiterbestehen. Sie sind nicht sehr groß, aber recht zahlreich und wegen ihrer karminrosafarbenen Kronblätter auffällig. Die kleinen runden Früchte enthalten viele braune, leicht rauhe Samen.
Verbreitungsgebiet: Alle Pflanzen dieser Gattung kommen aus Chile.
Vermehrung: Durch Samen oder Abtrennen von Seitensprossen.

▼ *Notocactus haselbergii*

Familie: *Cactaceae (*Tr. *Cacteae,* Subtr. *Neoporteriinae)*
Name: Von griechisch *nótos,* «südlich», weil die ganze Gattung aus Südamerika stammt, und von *cactus.*
Beschreibung: Diese kleine und zierliche Pflanze hat einen kugeligen Sproß mit gestauchtem Scheitel. Mit zunehmendem Alter wird der hellgrüne Sproß schwach zylindrisch und erreicht zehn bis zwanzig Zentimeter Höhe. Er ist ganz von dünnen weißen Dornen mit gelber Spitze bedeckt; sie entspringen den wolligen Areolen auf den gerundeten Warzen, die mehr als dreißig Rippen bilden. Aus der Mitte dieser borstigen Dornen stechen aus jeder Areole vier längere, goldgelbe Dornen. Die Blüten, die auf dem Scheitel stehen, sind eher klein. Ihre Farbe ist aber auffällig und variiert von lebhaftem Rot bis Orange-Rosa. Sie verbleiben mehr als eine Woche an der Pflanze.
Verbreitungsgebiet: Südbrasilien.
Vermehrung: Die erwachsene Pflanze bildet ganz selten einige basale Seitentriebe. Wenn sie erscheinen, können sie für die Vermehrung verwendet werden. Zur Hauptsache wird aber durch Samen vermehrt. Das Wachstum ist indes langsam, und oft werden die kleinen Pflanzen auf *Trichocereus* gepfropft, um das Wachstum zu beschleunigen und reichere Blüten zu erhalten. Schutz vor der prallen Sommersonne ergibt bessere Ergebnisse.

▸ *Opuntia argentina*

Familie: *Cactaceae,* Unterfamilie *Opuntioideae* (alle Opuntien)
Name: Dieser Name wurde vom englischen Naturforscher P. Miller um 1700 der amerikanischen Pflanze gegeben, die John Gerard als «Indianerfeige» beschrieben hatte. Miller leitete den Namen Opuntia von einer unbekannten Pflanze – vielleicht einem Feigenbaum – ab, die in der Umgebung von Opus, der antiken Hauptstadt von Lokris, vorkam (*opúntios* heißt «von Opus»). Es wurde auch die Vermutung geäußert, die Stadt habe ihren Namen von *opós,* «Feigensaft», erhalten, so daß er «Stadt der Feigen» bedeutet hätte. Man findet Opuntien in mehr als dreihundert Arten über ganz Amerika verstreut.
Beschreibung: Diese Art, die in Natur baumförmig eine Höhe von fünfzehn Metern erreicht, hat einen dünnen zylindrischen Sproß. Dieser verzweigt sich in dünne, platte, oft verdrehte und gewellte Glieder mit verstreuten Areolen und wenigen braunen Dornen. Kleine Exemplare eignen sich wegen der verkleinerten Ausmaße der Flachsprosse besonders gut für den Blumentopf.
Verbreitungsgebiet: Nördliches Argentinien. Leichter Schatten im Sommer und bescheidene Wärme im Winter sind der Pflanze sehr zuträglich.
Vermehrung: Durch Stecklinge von Sproßgliedern, die an der Einschnürung abgetrennt und zur Bewurzelung auf leicht feuchten Sand gelegt werden.

► *Opuntia bergerana*

Familie: *Cactaceae*
Beschreibung: Diese Pflanze bildet große Sträucher mit Zweigen, die aus elliptischen, zuerst hellgrünen, dann graugrünen Gliedern bestehen. Die Areolen sind von gelben Glochiden bedeckt. Die spärlichen gelben oder grauen Dornen sind spitz und bis zu vier Zentimeter lang. Die Blüten sind rot, die Früchte ebenfalls vier Zentimeter lang und birnenförmig. Ihre Spitze sieht wie ein Nabel aus. Die runden Samen sind flach, aber eher dick. Die Art wurde anhand von Kulturexemplaren beschrieben. Da sie nun aufgrund ihrer starken Verwandtschaft zu *Opuntia elatior,* die größere und gelbe, oft rotgefleckte Blüten hat, mit dieser wahrscheinlich natürliche Hybriden bildete, wurde vermutlich eine solche beschrieben. So bleibt ihre genaue Bestimmung ungewiß. Es ist eine Pflanze, die sich besonders gut für Gärten in milden Klimaten eignet. Sie ist sehr blütenreich und bringt auch reichlich Früchte, in warmen Gegenden im Freiland.
Verbreitungsgebiet: Unbekannt.
Vermehrung: Durch Stecklinge von Gliedern auf oder in sandiger Erde.

◄ *Opuntia bigelovii*

Familie: *Cactaceae*
Beschreibung: Strauch von einem bis anderthalb Meter Höhe mit aufrechtem, oft verkorktem, dicht verzweigtem Sproß. Die Zweige bestehen aus bleichgrünen, kugeligen oder zylindrischen Gliedern, deren Länge bis fünfzehn Zentimeter betragen kann. Sie sind von Höckern besetzt, auf denen dicht beieinanderstehende weiße Areolen, gelbe Glochiden und zahlreiche Dornen sitzen: etwa zehn radiale und ebensoviele zentrale. Ihre Länge ist verschieden, und sie werden von einer gelblichen häutigen Scheide umkleidet. Es ist einer der dornigsten Vertreter der Gattung. Die Blüten sind purpurrot, die Früchte – gelb und eiförmig – enthalten wenige, meistens unfruchtbare Samen. In den USA hat ihnen ihr goldgelbes Aussehen den Namen «prickly pear» eingebracht.
Verbreitungsgebiet: Diese Pflanze zählt zu den charakteristischen «chollas» von Nordamerika, und ihr weites Areal erstreckt sich von den steinigen Wüsten Arizonas und Neu-Mexikos nach Niederkalifornien und Sonora. Man findet sie aber auch in Nevada. Sie bedarf der Sonne und einer langen Ruhepause.
Vermehrung: Sehr einfach durch Stecklinge von Sproßgliedern. Diese lösen sich leicht ab und bewurzeln sich, wo sie auch hinfallen. In Kultur lege man die Stecklinge auf sehr trockenen Grund.

▲ *Opuntia cylindrica*
Familie: *Cactaceae*
Beschreibung: Aufrechte, wenig verzweigte strauchige Pflanze, die in der Natur drei Meter Höhe erreicht. In Kultur wird sie nur halb so groß. Der zylindrische Sproß ist von Höckern mit abgeflachter Basis, die wie Schuppen aussehen, gekennzeichnet. Er ist grün, verkorkt mit der Zeit und wird glatt. Auf dem Scheitel der Höcker befinden sich die weißlich wolligen, mit Glochiden bestückten Areolen, aus denen zwei bis drei cremefarbene Dornen starren, die mit der Zeit grau werden. Daraus erscheinen die zylindrischen Blätter, die – wenigstens um den Scheitel – für einige Zeit ausdauern. Alte Pflanzen, die im Freiland gut auskommen, bringen an der Spitze von Sproß und Zweigen ungefähr fünf Zentimeter breite rote Blüten hervor. Topfpflanzen sind schwer zum Blühen zu bringen. Die Früchte, welche außerhalb des Verbreitungsgebietes kaum erscheinen, sind oval oder birnenförmig, gelblichgrün, warzig und bedornt. Die sehr derbe Pflanze läßt sich überall dort im Freiland halten, wo mögliche Fröste nicht lang andauern.
Verbreitungsgebiet: Südamerika, Andenregion von Ekuador und Peru.
Vermehrung: Durch Stecklinge von jungen Zweigen oder von der Sproßspitze.

◂ *Opuntia diademata*
Familie: *Cactaceae*
Beschreibung: Diese Pflanze wird heute der Gattung *Tephrocactus* zugewiesen, die dadurch geschaffen wurden, daß man die Gattung *Opuntia,* die alle Pflanzen mit kurzen, rundlichen Sproßgliedern umfaßte, unterteilte. Wohl besitzt die Pflanze Eigenheiten, welche von denen verwandter Arten etwas verschieden sind, aber die botanisch kennzeichnenden Merkmale sind diejenigen der *Opuntia.* Die Pflanze ist niedrig und übersteigt selten zehn Zentimeter Höhe. Sie zeigt eine schwache Verzweigung, die aus drei Zentimeter langen kugeligen oder eiförmigen Gliedern besteht, die übereinanderstehen, mit enger Einschnürung dazwischen. Ihre Oberfläche ist glatt, glänzend grün in jugendlichem Alter, gräulich bei der reifen Pflanze. Auf den weißen, wolligen Areolen findet man eine gewisse Anzahl bräunlicher Borsten und lange weißliche, biegsame Dornen von papierartiger Beschaffenheit, die der Pflanze ein eigenartiges, auffälliges Aussehen geben. Die kleinen Blüten sind bleichgelb. Dieser Art sehr ähnlich ist *Tephrocactus articulatus,* weshalb viele Verwechslungen entstehen. In der Tat sind gewisse Botaniker, darunter der belgische Kakteenkenner Charles A. Lemaire, der Ansicht, die hier beschriebene Pflanze sei lediglich eine Varietät dieser letzteren Art.
Verbreitungsgebiet: Argentinien.
Vermehrung: Durch Stecklinge von Sproßgliedern.

◂ *Opuntia engelmannii*

Familie: *Cactaceae*

Beschreibung: Aufrechter Busch, der einen stark verzweigten Stamm bilden kann. Je nach Varietät erreicht die Pflanze eine Höhe von ein bis zwei Metern. Es gibt tatsächlich viele Typen, und auch die Form der Segmente ist verschieden. Die einen sind rund, andere oval und noch andere elliptisch. Ihre Oberfläche ist grün, manchmal blaugrün. Ein weißlicher Wachsüberzug, der bei leisester Berührung dunkel wird, überzieht die ganze Pflanze. Junge Pflanzen weisen ovale, mit wenigen Dornen bestückte Areolen auf, die mit der Zeit rund werden und zahlreiche Glochiden und wenigstens zehn Dornen verschiedener Länge entwickeln. Einige davon sind sehr dick, gebogen und gelb bis bräunlichrot. Die großen auffälligen Blüten sind gelb, orangefarben und rot. Die dunkelroten Früchte haben eine runde oder längliche Form, und ihr nabelförmiges Ende ist fast flach. Die Früchte einiger Varietäten, so von *O. engelm. var. dulcis,* sind genießbar. Diese und die nachfolgenden zwei Arten gelten in Mitteleuropa als winterhart.

Verbreitungsgebiet: Bezieht man die natürlichen Varietäten mit ein, so ist dies die wohl am weitesten verbreitete *Opuntia*-Art in den USA. Ihr Vorkommen erstreckt sich von Louisiana nach Arizona und von Neu-Mexiko und Texas bis ins Innere Mexikos.

Vermehrung: Durch Stecklinge von Sproßsegmenten. Man legt sie auf trockenen Sand und besprüht sie gelegentlich.

▸ *Opuntia microdasys var. lutea*

Familie: *Cactaceae*

Beschreibung: Diese Pflanze stellt die typische Art dieser kaum einen Meter hohen Büsche dar, die stark verzweigt und in Kultur weit verbreitet sind. Die ganze Pflanze besteht aus einer Reihe von platten und ovalen Gliedern mit mehr oder weniger hellgrüner, leicht behaarter Oberfläche. Es sind echte Miniaturen der Flachsprossen oder Segmente großer Arten. Ihre Länge beträgt lediglich sechs bis fünfzehn Zentimeter. Die runden, sehr auffälligen Areolen sind mit winzigen goldgelben Glochiden bedeckt, die schwer wieder zu entfernen sind, wenn sie in die Haut eindringen. Obwohl es in Topfkultur praktisch nie vorkommt, kann die Pflanze an den Zweigenden blühen. Die Blüten sind hellgelb und werden von roten Früchten mit weißem Fruchtfleisch gefolgt, die viele Samen enthalten. Ebenso beliebt sind die *Op. microdasys var. minima* mit noch kleineren Gliedern und dunkelgelben Glochiden, und *var. albispina* mit weißen Glochiden. Die *Op. m. var. rufida* wird auch als eigene Art angesehen. Bei der einen sind die Glochiden gänzlich rotbraun, bei der andern sind sie in der Mitte gelb. Keine der Varietäten ist frostbeständig.

Verbreitungsgebiet: Nördliches und mittleres Mexiko.

Vermehrung: Durch Abtrennung der Glieder an der Einschnürung.

◂ *Opuntia phaeacantha*

Familie: *Cactaceae*

Beschreibung: Diese Art gehört zur Untergattung *Platyopuntia.* Sie hat platte Sproßglieder, aber ihre Gestalt ist von der der meisten Opuntia verschieden, da die Zweige ausgestreckt oder halb ausgestreckt wachsen. Die Pflanze erscheint in zahlreichen Formen und Varietäten, doch sind ihre Glieder meistens rundlich oder oval. Ihre Farbe ist graugrün, und sie stehen dicht. Die wenigen braunen Areolen sind von gelblichen Glochiden bedeckt. Dornen findet man ebenfalls wenige. Sie sitzen zu viert auf einer Areole, sind an jungen Trieben braun und werden mit der Zeit grau. Einer unter ihnen ist immer länger und stärker; er kann fünf Zentimeter Länge erreichen. Die Blüten sind vornehmlich gelb, nehmen jedoch je nach Varietät auch andere Farbtöne an. Die Blütenmitte kann orangegelb oder fast rot sein. Die Frucht ist rot und drei bis vier Zentimeter lang. Die Pflanze verträgt die Kälte sehr gut.

Verbreitungsgebiet: Von Arizona und Texas bis ins nördliche Mexiko. Die verschiedenen lokalen Formen stehen mit ihrer Gestalt manchmal sogar zwischen den Varietäten.

Vermehrung: Durch Stecklinge von Flachsprossen, die an der Einschnürung abgelöst werden.

◂ *Opuntia rafinesquei*

Familie: *Cactaceae*
Beschreibung: Niedrige Pflanze, die sich ausbreitet und buschig wird, manchmal auch halb ausgestreckt. Die platten, eher dünnen oval-elliptischen Glieder werden fünfzehn Zentimeter lang. Die mit braunen Glochiden bestückten Areolen sind aller Dornen bar, bis auf diejenigen am Blattrand. Diese sind weiß mit brauner Spitze und zwei Zentimeter lang. Sie treten einzeln oder zu zweien und dreien vereinigt auf, begleitet von ein bis zwei kürzeren und nach unten gebogenen Dornen. Die Blüten haben einen Durchmesser von beinahe zehn Zentimetern. Ihre Kronblätter sind gewellt und weit geöffnet. Die Farbe ist gelb, am Kronblattgrund rot. Die Pflanze ist sehr blütenreich. Die birnenförmige Frucht ist unbedornt. Es existiert eine Varietät namens *grandiflora.* Sie ist nur mit Glochiden ausgestattet, hat größere Blüten und eßbare Früchte.
Verbreitungsgebiet: Es erstreckt sich in einem weiten Bogen über die USA: von Neu-Mexiko über Kansas und Missouri nach Kentucky und Tennessee. Die Varietät *grandiflora* stammt aus dem nördlichen Texas.
Vermehrung: Durch Stecklinge aus Gliedern, die sich auf kaum feuchter sandiger Erde bewurzeln.

▴ *Opuntia verschaffeltii*

Familie: *Cactaceae*
Beschreibung: Diese Art gehört zu denjenigen mit zylindrischen Sprossen, ist jedoch sehr viel kleiner als die anderen. Die buschförmig ausgewachsene Pflanze hat zylindrische Sprosse von etwas mehr als einem Zentimeter Durchmesser. Junge Sprosse sind bleichgrün, ältere grau und verkorkt. Die Pflanze verzweigt sich und bildet oft warzige Glieder mit dünnen und schmalen Blättern, die abgeworfen werden. Die wolligen Areolen tragen feine Glochiden mit ein paar Dornen. Wenn die junge Pflanze fünfzehn bis zwanzig Zentimeter Größe erreicht hat, erscheinen bereits die dunkelroten oder orangefarbenen Blüten. Hauptattraktion der Pflanze sind die, verglichen mit ihrer Gestalt, besonders großen Blüten, die eine Woche lang geöffnet bleiben.
Verbreitungsgebiet: Nördliches Bolivien in hügelig-gebirgigen Zonen. Sie verträgt bei Trockenheit tiefe Temperaturen, verlangt aber gute Drainage.
Vermehrung: Durch Stecklinge von Gliedern, die an der Einschnürung abgetrennt werden.

► *Oreocereus ritteri*
Familie: *Cactaceae (*Tr. *Cereae,* Subtr. *Echinopsidinae)*
Name: Von griechisch *óros,* «Berg», weil die Pflanze in einer gebirgigen Gegend gedeiht, und *cereus.*
Beschreibung: Man kennt diese Pflanze, die Rowley zur Gattung *Borzicactus* stellt, erst seit kurzer Zeit. 1958 wurde sie entdeckt und beschrieben. Da sie aber wie alle Vertreter dieser Gattung ein äußerst bescheidenes Wachstum aufweist, weiß man über ihre Entwicklung und ihr Verhalten in Kultur noch nichts. Der grüne zylindrische Sproß ist ganz unter seidigen Haaren versteckt, die silberweiß sind und dicht aus Areolen wachsen. Er gleicht deshalb *Cephalocereus senilis,* ist aber zerzauster und weißer. Durch die Behaarung dringen, kaum sichtbar, kurze nadelförmige, rotbraune Dornen. Mit der Zeit verzweigt sich der Sproß vom Grund her. Die Blüten, welche in Scheitelnähe seitlich entspringen, sind klein, haben eine lange dünne Röhre und eine rote Krone. Die runden, schuppigen und unbewaffneten Früchte enthalten kleine schwarze Sämchen. Diese interessante Art verlangt einen sehr sonnigen Standort mit gutem Wasserabfluß. Vor allem aber bedarf sie im Winter einer langen Ruhezeit an einem kühlen, luftigen und trockenen Ort.
Verbreitungsgebiet: In den Anden Perus.
Vermehrung: Durch Samen.

◄ *Oreocereus trollii*
Familie: *Cactaceae (*Tr. *Cereae,* Subtr. *Echinopsidinae)*
Beschreibung: Säulige Pflanze von äußerst langsamem Wuchs, nach Rowley ebenfalls zur Gattung *Borzicactus* zählend. In erwachsenem Stadium vom Grund auf verzweigt. Der bleichgrüne Sproß weist zehn bis vierundzwanzig Rippen auf. Mit zunehmendem Alter flachen diese ab und sind kaum mehr zu erkennen. Auf den dichtstehenden Areolen erscheinen Schöpfe langer seidiger Haare von cremeweißer Farbe; sie verdecken den ganzen Sproß. Dazwischen stechen lange, starke, bräunliche Dornen hervor. Diese Tatsache verleitet dazu, diese Pflanzen mit jenen der Gattung *Cephalocereus* zu verwechseln. Ihre Blüten sind aber voneinander verschieden. Bei der hier beschriebenen Pflanze sitzen sie auf einer mit zahlreichen Deckblättern bedeckten Blütenröhre. Aus den Achseln der ineinandergeschachtelten Deckblätter wachsen zahlreiche wollige Haare, und der Griffel überragt die Kronblätter. Die Farbe der Krone kann von rosa nach rot variieren.
Verbreitungsgebiet: Bolivien, auf beachtlicher Höhe in den Anden. Der Kaktus wird deshalb im Volksmund «Der Alte der Anden» genannt.
Vermehrung: Die Vermehrung durch Samen vollzieht sich rasch, doch ist das nachfolgende Wachstum äußerst langsam. Von alten buschigen Exemplaren kann man Stecklinge von Seitensprossen machen.

▸ *Oroya peruviana*

Familie: *Cactaceae* (Tr. *Cereae,* Subtr. *Echinopsidinae)*
Name: Die Pflanze wurde nach einer Ortschaft in Peru benannt.
Beschreibung: Die Gattung ist monotypisch und umfaßt nur diese Art. Der kleine Kaktus war einst der Gattung *Echinocactus* zugeschrieben. Er hat einen kugeligen, an der Spitze gestauchten dunkelgrünen Sproß, der zwölf bis fünfzehn Zentimeter Durchmesser erreichen kann und an der Basis oft Seitentriebe aussendet. Die zehn bis zwanzig gerundeten Rippen tragen wenig vorstehende Warzen, auf denen die schmalen gelblichen Areolen sitzen. Aus jeder Areole wachsen ungefähr sechzehn braungelbe radiale Dornen. Die längsten erreichen zwei Zentimeter und sind seitlich abgeflacht, während sich die kürzeren strahlenförmig und gebogen nach allen Seiten hin ausbreiten. Die zwei bis fünf zentralen Dornen sind braun, aber nicht immer vorhanden. Die trichterförmigen Blüten entspringen den Areolen am Scheitel. Sie haben eine behaarte und schuppige Blütenröhre. Die aufrechten blaßgelben Kronblätter sind an der Basis gelb, an der Spitze rot. Die rötlich-braune Frucht enthält zahlreiche winzige Sämchen.
Verbreitungsgebiet: Peruanische Anden in der Umgebung des Ortes La Oroya am Rio Mantaro, östlich von Lima. Die Pflanze gedeiht in 4000 Meter Höhe auf kiesigem Boden und ist fast gänzlich eingegraben.
Vermehrung: Durch Samen.

▴ *Oscularia deltoides*

Familie: *Mesembryanthemaceae*
Name: Von lateinisch *osculum,* «kleiner Mund», wegen der gezähnten und am Grund verwachsenen sukkulenten Blätter, die einem halb geöffneten Mund ähnlich sehen.
Beschreibung: Die buschige, halb strauchige Pflanze hat dünne rötliche, am Grund verholzte Sprosse, die stark verzweigt sind. Die Pflanze wächst teils aufrecht, teils kriechend. Ihre Zweige breiten sich stark aus. Die ungestielten, gegenständigen, etwa einen Zentimeter langen Blätter sind vereint. Die Oberseite ist fast flach und mit winzigen Zähnchen an den Rändern bewehrt. Die Unterseite ist gekielt und von so fleischiger Beschaffenheit, daß sie fast dreikantig erscheint. Die sonst blaugraue Farbe ist bei jungen Trieben, die einen Wachsüberzug haben, blaugrün. An der Sonne erscheint an den Blatträndern eine intensiv rote Linie. Die blütenreiche Pflanze hat Blüten von zirka einem Zentimeter Durchmesser, die zahlreiche schmale rosafarbene Kronblätter aufweisen. Sie eignet sich auch für die Freilandkultur in milden Klimaten, verlangt aber einen sonnigen Standort mit gutem Wasserabfluß.
Verbreitungsgebiet: Kap-Provinz in Südafrika.
Vermehrung: Durch Samen oder Stecklinge von Zweigen. Die noch krautigen jungen Triebe sind von der Fäulnis besonders bedroht.

▾ *Pachyphytum bracteosum*

Familie: *Crassulaceae*
Name: Zusammengesetzt aus griechisch *pachys,* «dick», und *phytón,* «Pflanze», wegen der fleischigen Sprosse und Blätter.
Beschreibung: Es ist eine der größten Arten dieser Gattung, die mit *Echeveria* eng verwandt ist. Es sind deshalb auch viele Kreuzungen vorgenommen worden, die jetzt den Namen *X Pachyveria* tragen. Der krautige, aufrechte und sehr dicke Sproß dieser Pflanze erreicht etwa dreißig Zentimeter Höhe. Die äußerst fleischigen Blätter sind von verkehrt-lanzenförmiger bis spatelförmiger Gestalt. Gegen den Scheitel zu verdicken sie sich. In der Natur erreichen sie eine Länge von gegen zehn Zentimetern. In Kultur bleiben sie aber kürzer. Die Spreite ist bei jungen Blättern rund, dellt sich mit der Zeit aber ein, wobei sich die Ränder nach oben biegen. Die gräuliche Blattoberfläche wird von einer blaugrün schimmernden Wachsschicht überzogen, die oft rosarot glänzt. Die rosettenförmige Anordnung der Blätter, die man an der Triebspitze gut erkennt, verändert sich mit dem Wachstum des Knotenabstandes. Die Pflanze verzweigt sich vom Grund auf. Der Blütenstand entspringt einer Blattachsel. Die zahlreichen Blüten haben lange blaugrünliche Kelch- und rote Kronblätter.
Verbreitungsgebiet: Mexiko.
Vermehrung: Durch Stecklinge von Sproß, Zweigen und Blättern auf kaum feuchtem Sand und Samen.

▸ *Pachyphytum compactum*

Familie: *Crassulaceae*
Beschreibung: Kleine buschige Pflanze, deren fleischige Sprosse eine Länge von etwa zehn Zentimetern aufweisen. Die ungestielten Blätter stehen gegen die Sproßspitze zu, dicht beisammen und hinterlassen einen nackten Stengel. Sie sind von zylindrischer, zugespitzter, leicht kantiger Form und wegen des weißlichen Wachsüberzuges auf der Oberfläche ungleichmäßig verdickt. Die bis vierzig Zentimeter langen Blütenstände tragen glockige Blüten. Die Kelchblätter sind kürzer als die rötlichen, an der Spitze grünen Kronblätter. Im übrigen ist die Pflanze nicht sehr blütenreich. Sie wächst langsam, ist empfindlich gegen Feuchtigkeit und gedeiht nicht üppig. Da sie während des Winters viele Blätter verliert, empfiehlt es sich, die Pflanze zu Beginn der neuen Vegetationsperiode zu vermehren. So bekommt man kompakte Pflanzen, die es an der Sonne auch bleiben.
Verbreitungsgebiet: Mexiko, Staat Hidalgo nördlich von Mexiko-City. Dort gedeiht die Pflanze auf den Anhängen der Hochebene von Zentralmexiko.
Vermehrung: Durch Stecklinge von Seitensprossen und Blatt bei geringer Feuchtigkeit. Auch die auf fast trockenen Sand gelegten Blätter schlagen sofort Wurzeln.

▸ *Pachyphytum oviferum*

Familie: *Crassulaceae*
Beschreibung: Die Blätter dieser wunderschönen Sukkulente mit dickem kurzem Sproß gleichen kleinen Eiern. Der deutsche Naturforscher Joseph Anton Purpus (1860–1932) entdeckte und benannte sie am Ende des letzten Jahrhunderts. Die Blätter sind um die Sproßspitze gruppiert und stehen in nahe zusammengerückten Quirlen. Beim Erscheinen sind sie ganz kugelig, werden dann aber eiförmig. Sie sind bis zu vier Zentimeter lang, und ihre Oberseite ist etwas abgeflacht. Die graugrüne Oberfläche ist vollständig von einer silberweißen Wachsschicht überzogen, die rosarot oder rötlich glänzt und bei leichtester Berührung gezeichnet bleibt. Die Wipfel der Blütenstände bestehen aus glockenförmigen hellroten Blüten, deren Kronblätter von den längeren Kelchblättern teilweise verdeckt werden, bis sich die Krone ganz geöffnet hat. Die Pflanze ist eher empfindlich und nicht besonders blütenreich.
Verbreitungsgebiet: Zentralmexiko, Bundesstaat San Luis Potosí.
Vermehrung: Durch Seitentriebe und Blattstecklinge auf trockenem Sand.

▸ *Pachypodium lamerei*

Familie: *Apocynaceae*
Name: Aus griechisch *pachýs,* «dick», und *podós,* «Fuß», wegen der Dicke der Sproßbasis bei einigen Arten.
Beschreibung: Wenn diese Gattung auch nur einige Arten umfaßt, so sind diese untereinander doch ziemlich verschieden. Es gibt darunter laubabwerfende niedrige Pflanzen mit dickem sukkulentem Sproß und wenigen Blättern an seiner Spitze. Andere erreichen Ausmaße von Sträuchern und sogar Bäumen. Die hier abgebildete Art gehört zur letzteren Gruppe und ist unter dem Namen «Madagaskar-Palme» im Handel. Der dicke braune, ziemlich sukkulente Stamm ist von dreieckförmig angeordneten spitzigen Dornen bedeckt, die aus einer Metamorphose der Nebenblätter hervorgingen. Die kranzförmig um den Scheitel angeordneten Blätter werden in Kultur abgeworfen; in natürlicher Umgebung bleiben sie länger erhalten. Ihre lanzettliche Gestalt, ihre lederige Beschaffenheit und ihre grüne Farbe mit blassen Linien enthüllen die Verwandtschaft zum Oleander. Die trichterförmigen Blüten stehen an der Spitze in Wipfeln. Wenn der Stamm abgeschnitten wird, treiben neue Zweige.
Verbreitungsgebiet: Madagaskar.
Vermehrung: Durch Samen. Die Vermehrung durch Stecklinge ist schwierig.

▸ *Parodia sanguiniflora*

Familie: *Cactaceae (*Tr. *Cacteae,* Subtr. *Neoporteriinae)*
Name: Er erinnert an den argentinischen Botaniker Lorenzo Raimundo Parodi (1895–1966).
Beschreibung: Kleine Pflanze mit kugeligem, am Scheitel gestauchtem hellgrünem Sproß mit wolligem Schopf. Die Rippen bestehen aus spiralförmig angeordneten konischen Warzen. Die stark wolligen Areolen werden mit zunehmendem Alter ganz glatt. Sie haben zehn bis fünfzehn seidige weiße Radialdornen und vier braune Zentraldornen, von denen einer an der Spitze gebogen ist. Die zahlreichen Blüten mit dunkelroten Kronblättern erscheinen am Scheitel. Die sehr langsam wachsende Pflanze sendet keine Ausläufer aus, und der Sproß bleibt einzeln.
Verbreitungsgebiet: Nördliches Argentinien im Staate Salta, auf den hügeligen Andenausläufern.
Vermehrung: Durch Samen.

▸ *Pelargonium tetragonum*

Familie: *Geraniaceae*
Name: Von griechisch *pelargós,* «Storch», wegen der typischen Frucht, die aus fünf in einen langen Schnabel mündenden Fruchtblättern besteht.
Beschreibung: Unter den sukkulenten Arten dieser Gattung ist dies diejenige, die den «normalen» Geranien am ähnlichsten ist. Es handelt sich um einen aufrechten oder kletternden Strauch mit sukkulenten, eher dünnen blaßgrünen Sprossen von vierkantiger Form, die an der Sonne einen bläulichweißen Wachsüberzug erhalten. Die Triebe sind an den Knoten, wo die kleinen wechselständigen Blätter mit langem Stiel entspringen, etwas geknickt. Die am Blattgrund herzförmige Spreite hat fünf Lappen, und der Rand ist rundlich gezähnt. Ihre grüne Oberfläche ist leicht samtig und weist einen deutlichen rötlichbraunen, halbrunden Fleck auf, wenn die Pflanze genügend Licht erhält. Während des Winters verdorren die meisten Blätter dieser echten Stammsukkulente, und nur in milden Klimaten überdauern einige wenige an den Zweigenden. Die Blüten, die im Frühling oder Sommer erscheinen, sind zu zweien an langen Stielen vereinigt. Sie haben vier bis fünf Kronblätter, wovon drei größer sind als die übrigen. Ihre Farbe ist blaßrosa mit purpurroten Adern an der Basis.
Verbreitungsgebiet: Südliches Afrika.
Vermehrung: Durch Stecklinge in Lauberde, die mit Sand vermischt ist.

▸ *Pelecyphora aselliformis*

Familie: *Cactaceae (*Tr. *Cacteae,* Subtr. *Cactinae)*
Name: Von griechisch *pélekys,* «Beil», und *phoréo,* «ich trage», wegen der Gestalt der verlängerten und seitlich zusammengedrückten Warzen.
Beschreibung: Die sehr seltene Pflanze hat einen kugeligen Sproß, der mit der Zeit halbzylindrisch wird. Er ist etwa zehn Zentimeter hoch und von graugrüner Farbe. Die langen, fast elliptischen, seitlich zusammengedrückten und abgeflachten Warzen sind spiralförmig angeordnet. Darauf sitzen die schmalen Areolen, die mit zahllosen dünnen und kammförmig angeordneten Dornen bewaffnet sind. Sie sind am Grund vereinigt und stechen nicht. Die Blüten erscheinen am Schopf aus den Warzenachseln, werden zirka drei Zentimeter lang und haben eine kurze Röhre. Die äußeren Blätter der Blütenhülle sind weißlich, die inneren Kronblätter variieren von lilarosa nach violettkarmin. Sie öffnen sich nur an der Sonne. Aus unbekannten Gründen ist diese Pflanze recht selten. Sie ist wohl empfindlich, aber nicht mehr als andere, die stärker verbreitet sind und ebenso langsam wachsen. Die Pflanze liebt volle Sonnenbestrahlung, will vorsichtig gegossen und während der Ruhezeit ungestört sein.
Verbreitungsgebiet: Zentralmexiko, Staat San Luis Potosí.
Vermehrung: Durch die nierenförmigen schwarzen Samen oder durch Seitensprosse.

▲ *Peperomia incana*

Familie: *Peperomiaceae*
Name: Verbindet griechisch *péperi,* «Pfeffer», mit *ómoios,* «ähnlich», weil viele Arten denjenigen der verwandten Gattung *Piper,* dem Pfeffer, gleichen.
Beschreibung: Sehr viele Arten dieser großen und noch nicht gründlich untersuchten Gattung weisen einen größeren oder minderen Sukkulenzgrad auf, da zahlreiche unter ihnen in den tropischen Wäldern als Epiphyten leben und somit eine wasserarme Unterlage haben. Andere widerstehen nicht nur dem trockenen Boden, sondern ändern je nach Kulturbedingungen ihre Gestalt. Die hier erwähnte Art gehört zu diesem Typ. Die niedrige Pflanze hat dicke grüne, verzweigte Sprosse und grüne herzförmige Blätter, die mit der Zeit rundlich werden. Die Oberseite ist leicht behaart, und die Ränder sind fein bewimpert. Hält man die Pflanze an der Sonne, bleiben die Blätter kleiner. Auch verstärken sich die in der Mitte verlaufenden Blattnerven, bis sich das flache Blatt faltet und die Behaarung sich zu einem weißen Filz verdichtet.
Verbreitungsgebiet: Südöstliches Brasilien, in der Umgebung des Rio Grande in fast 1000 Meter Höhe auf Granitfelsen.
Vermehrung: Durch Sproßstecklinge bei geringer Feuchtigkeit. Der Übergang von der Sonne an den Schatten muß allmählich erfolgen.

▸ *Peperomia nivalis*

Familie: *Peperomiaceae*
Beschreibung: Niedrige, buschige und verzweigte Pflanze mit rosettenförmig angeordneten Blättern, kurzen Knotenabständen und aufrechter Gestalt. Die ungestielten Blätter sind bei ihrem Erscheinen nach außen gebogen, später hängend. Die grüne Oberseite ist tief gefurcht und leicht gefenstert, dies vor allem an den Rändern, die fast durchsichtig werden. Die Unterseite ist gefurcht, glatt und weiß, bei gutem Licht erhält sie einen gelblichen oder rosafarbenen Glanz. Hält man die Pflanze am Schatten und gießt sie regelmäßig, entwickelt sie ausgebreitete Blätter. Stellt man sie immer öfter ans Licht (aber nie an die pralle Sonne) und verringert man die Wassergaben und die Luftfeuchtigkeit, faltet sich das Blatt nach oben und zeigt die fleischige Unterseite sowie die durchsichtigen Blätter. Obwohl die Haltung einfach ist, ist diese hübsche Pflanze wenig verbreitet. Der Saft in den Blättern verbreitet einen leichten Anisgeruch.
Verbreitungsgebiet: Peru.
Vermehrung: Durch Stecklinge von Sproß und Zweigen, die in sehr lockere, wenig feuchte Erde gebracht werden.

◂ *Peperomia pulchella*

Familie: *Peperomiaceae*
Beschreibung: Kleine Art mit zuerst aufrechten Sprossen, die später ranken. Sie sind fleischig und als junge Triebe dicht mit einem weißen Filz bedeckt. Bei älteren Sprossen ist die Behaarung bräunlich und weniger dicht. Die ovalen, kurz gestielten Blättlein sind etwa zwei Zentimeter lang und stehen zu viert in nahe beieinanderliegenden Wirteln. Die ganze Spreite ist leicht behaart. Die grüne Oberseite ist dicht mit einer winzigen, durchsichtigen Tüpfelung gezeichnet und hat blaßgrüne Adern. Die hellgrüne Unterseite wird bei guten Lichtverhältnissen rötlich. Die Blätter sind gewöhnlich ausgebreitet und wechseln je nach der Stellung von Sproß und Zweigen ihre Lage. Sie biegen sich nach außen oder falten sich an hängenden Sprossen, sie verdrehen sich an kriechenden Zweigen, so daß ihre Oberseite immer dem Licht zugewandt bleibt. Obwohl die Pflanze vollen Sonnenschein nicht verträgt, überdauert sie unglaublich lange Trockenzeiten und große Temperaturschwankungen, so daß sie auch in geheizten Räumen gehalten werden kann.
Verbreitungsgebiet: Westindien. Dort erscheint die Pflanze in verschiedenen lokalen Formen, die zuweilen als selbständige Arten angesehen werden.
Vermehrung: Durch Stecklinge von Zweigen in fast trockener Erde.

▸ *Pereskia aculeata var. godseffiana*

Familie: *Cactaceae,* Unterfamilie *Pereskioideae*
Name: Die Gattung müßte eigentlich *Peireskia* heißen, soll sie doch an den französischen Archäologen und Naturforscher Nicolas Claude Fabre de Peiresc (1580–1637) erinnern. Der Schreibfehler schlich sich bei Linné ein und ist bis heute nicht berichtigt worden.
Beschreibung: Diese Gattung bildet den Übergang zwischen den Pflanzen mit Blättern und den blattlosen Xerophyten. Die hier erwähnte Art ist ein rankender Strauch mit bis zu zehn Meter langen Zweigen und lanzenförmigen, halbausdauernden Blättern, die in ungeeignetem Klima abgeworfen werden. Sie sind spiralförmig um den Sproß angeordnet. Die Knotenabstände verkürzen sich gegen die Zweigspitze, so daß der untere Teil des Sprosses nackt zurückbleibt. Die Areolen tragen ein bis drei rauhe braune Dornen. Die wohlriechenden hängenden Blüten sind zu mageren Wipfeln vereinigt. Sie sind rosaweiß und gleichen wilden Rosen. Die hier abgebildete Varietät hat gelbgrüne Blätter mit bronzefarbenem Glanz. Ihre Rückseite ist violettrosa. Man begegnet ihr auch unter den Namen *rubescens.*
Verbreitungsgebiet: Von Florida bis Argentinien. Die Varietät, die von einer Mutation herrührt, ist gegen Kälte empfindlicher.
Vermehrung: Durch Zweigstecklinge im Sommer und Samen.

◂ *Pilea microphylla*

Familie: *Urticaceae*
Name: Stammt vom lateinischen Ausdruck *pileus,* der Bezeichnung für eine Mütze, welche von den Alten Römern an bestimmten Anlässen getragen wurde. Der Bezug auf die Pflanze liegt in der Tatsache, daß bei einigen Arten die Hülle der weiblichen Blüten die Achäne bedeckt.
Beschreibung: Diese sukkulente Art, die oft mit ihrem Zweitnamen *Pilea muscosa* bezeichnet wird, ist ein niedriges Kraut mit fleischigen, rund fünfundzwanzig Zentimeter hohen Sprossen. Sie stehen aufrecht, sind stark verzweigt und am oberen Ende gebogen. Die Blätter, welche die Sprosse dicht bedecken, sind winzig klein, fast ungestielt mit einem keilförmigen Grund und einer gerundeten Spitze. Die weiblichen und männlichen Blüten stehen in getrennten Blütenständen. Sie sind jedoch winzig klein. Die männlichen Blüten haben eine Eigenart, die ihnen bei den Angelsachsen den Namen «Kanonierblume» eingebracht hat. Wenn nämlich der Pollen für die Bestäubung reif ist, wird er bei leichtester Berührung der Blüte explosionsartig in kleinen Wolken entlassen. Der wunderlichen Pflanze verleiht das glänzende Grün und die flauschige Leichtigkeit ihres Laubes dennoch ein attraktives Aussehen.
Verbreitungsgebiet: Obwohl ihr Ursprung in Westindien angenommen wird, gibt es in Mexiko und ganz Mittelamerika lokale Formen.
Vermehrung: Durch Stecklinge von Sprossen in sehr lockerer Erde.

▲ *Pleiospilos simulans*
Familie: *Mesembryanthemaceae*
Name: Aus griechisch *pléios,* «viel», und *spílos,* «Fleck», wegen der dichten Tüpfelung der Blätter.
Beschreibung: Die Gattung ist aus sehr sukkulenten, stammlosen, manchmal buschigen Pflanzen zusammengesetzt, die im Zentrum aus einem Blattpaar bestehen. Aus dessen Mitte geht am Ende der Vegetationsperiode eine Blüte mit zahlreichen schmalen, gelben Kronblättern hervor. Die Blätter dieser Art sind bis zu acht Zentimeter lang und ebenso breit. Ihre Oberseite ist flach oder leicht eingedellt, die Unterseite stark gekielt, so daß sie beinahe dreikantig ist. Die Farbe variiert von dunkelgrün bis bronze-bräunlich, und die Oberfläche ist von einer durchsichtigen Tüpfelung übersät. Die Blüten erscheinen am Ende des Sommers und gehen am Nachmittag auf. Nach der Blüte erscheint aus der Mitte des alten Blattpaares ein neues in kreuzweise gegenständiger Stellung. Mit der Zeit verdorrt das alte Blattpaar, doch können die beiden Blattpaare mehr als ein Jahr miteinander leben.
Verbreitungsgebiet: Südafrika, Kap-Provinz und östlicher Teil der Wüste Karroo.
Vermehrung: Obwohl erwachsene Pflanzen durch Teilung buschig auswachsen und sie so theoretisch vegetativ vermehrt werden könnten, verwendet man praktisch nur Samen.

◄ *Portulacaria afra*
Familie: *Portulacaceae*
Name: Er wurde aufgrund der bemerkenswerten Merkmale botanischer Verwandtschaft zur Gattung *Portulaca* verliehen, obwohl die äußere Erscheinung völlig anders ist.
Beschreibung: Es ist die einzige der wenigen Arten dieser Gattung, die in Kultur genommen wurde. Es ist ein Strauch, der in seiner natürlichen Umgebung zu einem Baum von etwas mehr als drei Meter Höhe wird. Die dicken braunen, fleischigen Sprosse sind stark verzweigt, ziemlich gewunden und krumm. An ihnen und den Zweigen wachsen gegenständig die kleinen, hellgrünen und eiförmigen, ungestielten sukkulenten Blätter, die leicht verdorren und dabei dicht gedrängt an den Zweigspitzen verbleiben. Die rosafarbenen, unscheinbaren kleinen Blüten stehen in Kolben, die den Blattachseln entspringen; sie in Kultur hervorzubringen, ist selbst bei stattlichen Exemplaren schwierig. Die Varietät *variegata* hat Blätter mit cremefarbenem, leicht rosarot getöntem Rand. Die Pflanze ist sehr empfindlich und nur in kleinen Exemplaren anzutreffen.
Verbreitungsgebiet: Südafrika.
Vermehrung: Durch Stecklinge, die sich bei regelmäßiger Feuchtigkeit und guter Wärme rasch bewurzeln.

◂ *Rebutia haagei*

Familie: *Cactaceae* (Tr. *Cereae,* Subtr. *Echinopsidinae)*
Name: Er erinnert an den französischen Kakteenzüchter P. Rebut zu Beginn dieses Jahrhunderts.
Beschreibung: Diese kleine kugelige Pflanze, deren Sproß mit zunehmendem Alter eiförmig wird, gehörte einst zur Gattung *Mediolobivia,* die gänzlich der Gattung *Rebutia* einverleibt wurde. Der Sproß wird von spiralförmig angeordneten Warzen bedeckt, die in Längsrichtung so zusammengedrückt sind, daß sie wie Serien von Rippen erscheinen. Jede Warze trägt an der Spitze eine filzige Areole, aus der flachliegende radiale Dornen treten, die sich mit solchen von Nachbarareolen überkreuzen. Sie sind borstig und von seidiger Beschaffenheit. Die Pflanze wächst leicht buschförmig aus, indem sie grundständige Seitensprosse bildet. Die Blüten, die wie in der ganzen Gattung den unteren Areolen entspringen, sind im Vergleich zur Gestalt der Pflanze groß. Ihre Krone besteht aus ovalen Blättern, deren Farbe in helleren und dunkleren Tönen von rosarot bis lachsrosa vorkommt. Die Pflanze ist sehr blütenreich.
Verbreitungsgebiet: Nordargentinien, am Fuße der Anden auf 400 bis 500 Meter Höhe.
Vermehrung: Durch das Abtrennen von Seitensprossen und Samen.

▾ *Rebutia minuscula*

Familie: *Cactaceae* (Tr. *Cereae,* Subtr. *Echinopsidinae)*
Beschreibung: Diese liebliche Pflanze ist sehr klein. Die kugeligen, am Scheitel gestauchten Sprosse überschreiten nie einen Durchmesser von fünf Zentimeter. Die Pflanze bildet leicht kleine Büsche. Die Farbe des Sprosses kann von hell- nach dunkelgrün variieren. Die kleinen abgeflachten Warzen tragen an ihrer Spitze Areolen, welche mit kurzen dünnen, weißlich seidigen Dornen bestückt sind. Die Warzen sind spiralig angeordnet und rücken am nabelförmigen Schopf nahe zusammen. Die für die Pflanze großen Blüten erscheinen an den unteren Areolen. Sie haben schmale, ausgebreitete, scharlachrot leuchtende Kronblätter, die mehrere Tage erhalten bleiben. Man findet in den Anden auch die Varietät *violaciflora* von dunklerer Farbe und mit violetten Blüten. Eine zweite, *grandiflora,* hat größere Blüten als die Grundart.
Verbreitungsgebiet: Nordwestliches Argentinien.
Vermehrung: Durch Abtrennen bewurzelter Seitensprosse und Samen.

▴ *Rhipsalis capilliformis*

Familie: *Cactaceae* (Tr. *Cereae,* Subtr. *Hylocereinae)*
Name: Vom griechischen *rhips,* «Binse», wegen der dünnen Sprosse und Zweige der meisten Gattungen.
Beschreibung: Wie alle anderen dieser Gattung ist diese Pflanze ein Epiphyt. Die Zweige sind sehr dünn; ihr Durchmesser beträgt lediglich zwei Millimeter. Die schwankenden Sprosse haben zehn bis fünfzehn Zentimeter lange Glieder und verzweigen sich einfach, oder dann stehen die neuen Glieder in Wirteln. Die leichtbehaarten, wie Stecknadelspitzen kleinen Areolen sind kaum sichtbar und senden bei genügend Luftfeuchtigkeit Luftwurzeln aus. Die kleinen weißlichen Blüten erscheinen seitlich, nahe dem Scheitel der Glieder. Ihnen folgen weiße runde Früchte.
Verbreitungsgebiet: Westbrasilianische Wälder. Die Pflanze verträgt keine Kälte, verlangt hohe Luftfeuchtigkeit, leichten humosen Boden und nimmt bei anhaltender Nässe Schaden. Der Pflanzentopf muß also einen guten Wasserabfluß haben.
Vermehrung: Durch Samen oder Stecklinge im Sommer oder sonst bei guter Wärme. Man bringt die Stecklinge in Torf, der mit zerriebenem Moos vermischt ist und stets feucht gehalten wird.

▾ *Rhipsalis cassutha*

Familie: *Cactaceae (*Tr. *Cerea,* Subtr. *Hylocereinae)*
Beschreibung: Epiphyt, der vornehmlich in den Astgabeln großer Bäume in Wäldern gedeiht, aber auch an schattigen Orten, wenn das Klima genügend feucht ist, auf Felsen anzutreffen ist. Es ist die in allen tropischen und subtropischen Gegenden am meisten verbreitete Art dieser Gattung. Die dünnen hängenden, blattlosen Sprosse sind hellgrün und verzweigen sich an der Spitze. Die Areolen tragen kurze wollige Haare und einige winzige weiße Borsten. Aus den seitlichen Areolen entspringen kleine Blüten mit cremeweißen Kronblättern, die aus einer kurzen Röhre hervortreten und ausgebreitet sind. Ihnen folgen weiße durchsichtige Beerenfrüchte, die jenen der Mistel ähnlich sind.
Verbreitungsgebiet: In den feuchten Wäldern Floridas und ganz Mittelamerikas sowie in den Wäldern Brasiliens und des östlichen Peru. In der Alten Welt gedeihen diese Pflanzen in Afrika, so in Ruanda nahe des Kivu-Sees am nördlichen Ende der Mitumba-Kette, im östlichen Kenia und in den Bergen von Usambara in Tansania. Weiter findet man sie auf den Maskarenen im Indischen Ozean und sogar auf Ceylon (Sri Lanka).
Vermehrung: Durch Samen oder Stecklinge in leichter Erde. Aus den Areolen an der Basis der Zweige erscheinen manchmal dünne Luftwurzeln, die aber nur die Feuchtigkeit der Umgebung absorbieren und sich in der Erde nicht entwickeln.

▾ *Rhipsalis coriacea*

Familie: *Cactaceae (*Tr. *Cereae,* Subtr. *Hylocereinae)*
Beschreibung: Obwohl diese Pflanze wie die anderen der Gattung Epiphyt ist, hat sie einen teilweise aufrechten, runden oder am Grund gerundeten verholzten Sproß. Von ihm gehen die Verzweigungen aus, die aus flachen Gliedern bestehen und Blättern gleichen. Sie sind von ledriger Beschaffenheit, elliptisch-zugespitzt und haben fast geschlossene, leicht rundlich gezähnte Ränder. Hier erscheinen die winzigen Areolen, die in jungem Zustand mit Borsten bewaffnet sind. Die hängenden Glieder erreichen eine Länge von etwa zwanzig Zentimetern, sind oft leicht gewellt und von einem starken Mittelnerv durchzogen, von dem neue Triebe ausgehen können. Die kleinen grünlichweißen oder rosafarbenen Blüten entspringen an den Rändern der Areolen und können fünf bis zehn Kronblätter aufweisen. Ihnen folgen kleine weiße Früchte, die jenen der Mistel gleichen. An ihren Spitzen bleiben die verdorrten Blätter der Blütenhülle zurück.
Verbreitungsgebiet: Mittelamerika, besonders Costarica.
Vermehrung: Durch Samen oder Stecklinge von Gliedern, die sich in feuchtem Moos und Torf bewurzeln. Die Pflanze ist nicht gern der Sonne ausgesetzt und verlangt im Winter eine Ruhezeit.

◂ *Rhipsalis mesembryanthemoides*

Familie: *Cactaceae (*Tr. *Cereae,* Subtr. *Hylocereinae)*
Beschreibung: Eine der Arten, die sich dank zwei typischer Arten der Verzweigung am leichtesten unterscheiden läßt. Die aufrecht wachsende, strauchige Pflanze hat dünne und runde Sprossen, die mit der Zeit am Grund verkorken und zahlreiche haarförmige Wurzeln aussenden. Sie können bis zwanzig Zentimeter Höhe erreichen, wobei sie sich dann aber nach unten biegen. Die kürzeren, kaum einen Zentimeter langen Glieder, an denen die Blüten und Früchte erscheinen, sind an den Hauptsprossen spiralig angeordnet, manchmal auch wirtelig in Gruppen von fünf bis zehn. Dies besonders dem Scheitel zu. Sie sind hellgrün, zylindrisch und fleischig, mit schwach wolligen Areolen und kurzen weißen Borsten. Da erscheinen die trichterförmigen Blüten mit fünf bis zehn weißen, weniger als einen Zentimeter langen Kronblättern. Ihnen folgen die ebenfalls weißen Früchte. Die robuste und üppig gedeihende Pflanze kann man in einem Hängekorb halten, da sie auch lange Trockenzeiten überdauert. Gewährt man ihr eine Ruhezeit im Herbst und gutes Licht (nicht direkten Sonnenschein), wird die Pflanze für längere Zeit blühen.
Verbreitungsgebiet: Östliches Brasilien, Staat von Rio de Janeiro.
Vermehrung: Durch Samen oder Sproßstecklinge in feuchter humoser Erde oder in Moos und Torf.

▲ *Rochea coccinea*
Familie: *Crassulaceae*
Name: Die Pflanze erhielt den Namen zu Ehren des Schweizer Arztes Daniel de la Roche (1743–1813), der Mitautor an der *Pharmacopaea genevensis* war. Rowley stellt sie zur Gattung *Crassula.*
Beschreibung: Die Gattung umfaßt vier Arten halb strauchiger Sukkulenten, neben einer gewissen Anzahl von Hybriden. *R. coccinea* ist praktisch die einzige Art, die sich in Kultur befindet. Die Pflanze ist verzweigt, und an ihren Sprossen und Zweigen stehen die kleinen fleischigen, kreuzweise gegenständigen, an der Basis vereinigten Blätter, die eng ineinandergeschachtelt sind und am unteren Teil des Sprosses, der mit der Zeit krumm und rankend wird, verdorren. An den Zweigspitzen stehen Dolden nicht sehr großer Blüten mit grünem Kelch und einer verwachsenen Krone mit langer Röhre und fünf ausgebreiteten scharlachroten Lappen. Die Größe und die Farbe der Blüten, welche von rosarot bis rot variieren kann, sind bei den einzelnen Varietäten verschieden.
Verbreitungsgebiet: Südafrika.
Vermehrung: Durch Samen oder Stecklinge von Sprossen in sandiger Erde. Wegen ihrer unordentlichen Gestalt und wegen des Umstands, daß die Blüten an den Triebspitzen erscheinen, schneidet man die Pflanze mit Vorteil vor Beginn der Vegetationszeit zurück, so daß sie buschig auswächst und zur Bildung neuer Zweige angeregt wird, an deren Spitze dann die Blütenstände erscheinen.

▲ *Ruschia perfoliata*
Familie: *Mesembryanthemaceae*
Name: Diese Gattung wurde vom Botaniker und Archäologen Georg Schwantes (1891–1960) zu Ehren eines südafrikanischen Züchters namens E. Rusch so benannt.
Beschreibung: Die Gattung besteht aus zahlreichen Arten, die früher der Gattung *Mesembryanthemum* angehört hatten. Es handelt sich um kleine, aufrechte oder halbausgestreckte Büsche mit dünnen Sprossen, die mit der Zeit verholzen und sich verzweigen. Alle haben ungestielte, den Trieb umfassende und an der Basis verbreiterte Blätter mit langer Scheide und kurzer dreikantiger Spreite. Bei der hier erwähnten Art sind die Blätter verwachsen. Der Sproß wird ganz unter den Blattscheiden versteckt und ist nur zuunterst, wo die Blätter verdorrt sind, zu sehen. Der freie, etwa einen Zentimeter lange Teil des Blattes liegt leicht auseinandergespreizt. Er ist fleischig, dreikantig, auf der Unterseite stark gekielt und gegen den Scheitel zu gestaucht. Der Kiel trägt nahe der Blattspitze einen kurzen rötlichen Dorn, während das Blatt selbst in eine kurze Spitze mündet. Die achselständigen Einzelblüten erscheinen in Kultur kaum jemals.
Verbreitungsgebiet: Kap-Provinz in Südafrika.
Vermehrung: Durch Samen, Sproß- oder Zweigstecklinge in sehr sandiger Erde. Am Steckling muß die Blattscheide entfernt werden, um den Knoten frei zu bekommen.

◂ *Sedum acre*
Familie: *Crassulaceae*
Name: Von lateinisch *sedeo,* «ich sitze». Er wurde schon im Altertum für viele Pflanzen verwendet, die sich auf Felsen oder Mauern ausbreiten und ganze Kissen bilden. Heute bezieht sich der Name lediglich auf die so bezeichnete Gattung, die sechshundert sukkulente Arten verschiedenster Herkunft umfaßt. Sie sind von den Gebirgen der nördlichen Erdhalbkugel bis hin zu den Wüsten Mexikos verbreitet.
Beschreibung: Diese winzige Pflanze, die auf Felsen oder Schutt lebt, wächst in dichten Kissen an trockenen, gut drainierten Standorten. Ihre kleinen Sprosse werden kaum fünf Zentimeter lang. An ihnen stehen die ungestielten, eiförmigen, leicht höckerigen Blätter von weniger als einem halben Zentimeter Länge. Die gelben Blümchen stehen einseitig in einem Blütenstand, d.h. sie sind nur auf einer Seite des Stengels, der den Blütenstand trägt, angeordnet. Ihre fünf Kronblätter sind zugespitzt und bilden einen fünfstrahligen Stern. Die Artbezeichnung spielt auf den pfefferartigen Geschmack des Saftes dieser Pflanze an, der ihr den Namen «Scharfer Mauerpfeffer» eingebracht hat.
Verbreitungsgebiet: Europa und Nordafrika, mittlerweile auch in Nordamerika heimisch geworden. Kommt bis auf 2000 Meter Höhe vor.
Vermehrung: Durch Zerteilen der Büsche oder Sproßstecklinge.

◂ *Sedum dasyphyllum*

Familie: *Crassulaceae*
Beschreibung: Sehr kleine und anmutige Pflanze, die auf Felsen lebt und sich teppichartig ausbreitet. Sie wird nicht höher als sechs Zentimeter, verzweigt sich und bildet dichte Kissen. Die fleischigen, gegenständigen und länglich-eiförmigen Blätter erreichen nur eine Länge von etwa fünf Millimetern und stehen dichtgedrängt an den äußerst dünnen Zweigen. Der Blütenstand trägt zwei bis vier kleine weiße, sternförmige Blüten. Von dieser Art existieren zahlreiche Varietäten. Die einen sind vollkommen glatt, andere sind behaart oder von einer Wachsschicht überzogen. In jedem Fall sind die kleinen Blätter von kräftig blaugrüner, an der prallen Sonne fast blauer Farbe. Die Pflanze eignet sich gut für felsige Gärten in ziemlich milden Klimaten. Sie verträgt keinen starken Frost. Für die Haltung in einem Gewächshaus oder Topf eignet sich die Pflanze nicht, da dabei die Knotenabstände sehr lang werden und das attraktive geschlossene Aussehen verloren geht. Die Pflanze ist bei uns winterhart.
Verbreitungsgebiet: Die Grundart trifft man in ganz Nordafrika, in Süd- und Westeuropa. Unter den Varietäten findet man einige, die ausschließlich in Marokko vorkommen.
Vermehrung: Durch Samen oder Zerteilen der Büsche.

▴ *Sedum adolphi*

Familie: *Crassulaceae*
Beschreibung: Diese Pflanze hat aufrechte, verzweigte fleischige Sprosse, die mit zunehmendem Wachstum ranken. Die ungestielten, elliptisch-zugespitzten, flachen oder auf der Oberseite leicht eingedellten, auf der Unterseite gekielten Blätter sind sehr fleischig. Ihre Farbe ist gelb, bei guten Lichtverhältnissen schimmern sie rötlich. An den Zweigspitzen stehen die Blätter dicht beisammen, beinahe in einer Rosette. Mit dem Wachstum der Knotenabstände entfernen sie sich aber voneinander. An der Ansatzstelle abgefallener verdorrter Blätter treiben neue Zweige, die sich ausbreiten und einen etwas unordentlichen Eindruck erwecken. Es ist daher von Vorteil, diese Pflanze öfters zu vermehren, um immer junge, kompakte Exemplare zu besitzen. Die kleinen weißen Blüten sind zu Blütenständen vereinigt. In Kultur erscheinen sie ziemlich selten.
Verbreitungsgebiet: Mexiko.
Vermehrung: Sehr einfach durch Stecklinge. Abgetrennte Blätter, die auf sandige Erde gelegt werden, bringen nach kurzer Zeit neue Pflänzchen hervor. Der Boden darf jedoch nur wenig feucht sein, da die Pflanze sonst fault.

▴ *Sedum lineare var. variegatum*

Familie: *Crassulaceae*
Beschreibung: Niedrige, buschige und ausgestreckte Sukkulente mit dünnen Sprossen und Zweigen, die zuunterst im allgemeinen blattlos sind. Dieser Teil wird aber gleich wieder von den neuen Trieben, die an den Knoten erscheinen, verdeckt. Die schmalen Blätter sind etwa zwei Zentimeter lang. In der Grundart sind sie blaßgrün und bei der hier erwähnten Varietät von einem weißen Rand eingefaßt. Es können auch vollständig cremeweiße Triebe erscheinen. Wie immer in solchen Fällen lassen sie sich nicht für die Vermehrung verwenden, da Gewebe ohne Blattgrün niemals Wurzeln schlagen können. Die kleinen gelben, sternförmigen Blüten stehen in lockeren Blütenständen. Bei *variegatum* erscheinen sie fast nie. Obwohl die Pflanze ziemlich niedrige Temperaturen erträgt, verliert sie bei Kälte ihre Blätter. Um ihre geschlossene Gestalt zu bewahren, sollte man sie den Winter über an einen hellen, leicht erwärmten und gut belüfteten Standort verbringen.
Verbreitungsgebiet: China und Japan.
Vermehrung: Durch Zerteilen des Busches, indem man bereits bewurzelte Sproße in sandige Erde bringt. Es können auch Stecklinge verwendet werden.

▲ *Sedum morganianum*

Familie: *Crassulaceae*

Beschreibung: Dies ist eine wunderschöne, üppig wachsende Pflanze. Sie benötigt viel Raum, um ihre langen Sprosse entwickeln zu können, die in der Natur am Boden kriechen. In Kultur läßt man sie herunterhängen. Sie erreichen eine Länge bis zu einem Meter und verzweigen sich an der Basis oder seitlich. Die ungestielten, äußerst sukkulenten Blätter sind um den ganzen Sproß herum angeordnet, und dies in kurzen Abständen, so daß sie übereinanderliegen. In der Gesamtheit sind sie spindelförmig, zugespitzt und leicht gebogen. Ihre Oberseite ist leicht abgeflacht, die Unterseite rund und angeschwollen. Die Länge beträgt etwa zwei Zentimeter, ihre Farbe ist blaß- und gräulichgrün und die Oberfläche von einer blaugrünen Wachsschicht überzogen. Die Blütenstände an den Triebenden tragen bis zu zwölf langgestielte Blüten mit zugespitzten Kelch- und Kronblättern. Sie variieren von rosa nach purpurrot. Wird die Pflanze trocken gehalten, erträgt sie die Kälte gut. Damit die Blätter fleischig und geschlossen bleiben, benötigt sie vollen Sonnenschein und viel frische Luft. Die Erde soll bei ihr humusreicher sein als bei andern Arten, und im Sommer muß sie ausgiebiger begossen werden. Wo man sie in einer Aufhängung halten kann, ist sie wunderschön.

Verbreitungsgebiet: Mexiko, Region von Veracruz.

Vermehrung: Durch Stecklinge von Sproß und Blättern.

▲ *Sedum pachyphyllum*

Familie: *Crassulaceae*

Beschreibung: Wegen ihrer Widerstandsfähigkeit, der Leichtigkeit, mit der sie sich vermehren läßt, und wegen ihres attraktiven Aussehens ist es eine der verbreitetsten Arten. Der kleine Busch mit aufrechten und verzweigten Sprossen erreicht eine Höhe bis zu sechzig Zentimetern. Die sehr fleischigen, zylindrisch-keulenförmigen, an der Spitze verdickten Blätter sind nach oben gebogen, spiralförmig in einer Rosette angeordnet und an den Zweig- und Sproßenden dicht zusammengedrängt. Ihre Farbe ist graugrün oder blaßgrün: eine blaugrüne Wachsschicht überzieht die Oberfläche. Besonders im Winter weist der Blattscheitel eine rote Tönung auf. Im unteren Teil werden die Sprosse nackt, wobei sie eine große Zahl sehr dünner, brauner Luftwurzeln aussenden, die oft kräftiger werden und in den Boden eindringen. So dienen sie als Stützen und helfen auch die Pflanze zu ernähren. Der lockere Blütenstand ist achselständig und erscheint wie ein neuer Zweig mit blattähnlichen Deckblättern, die aber kleiner und nicht gebogen sind. Ihre Basis ist mit einem kleinen, nach unten ragenden Zahn bewaffnet. Die Blüten sind hellgelb. Die Pflanze ist ziemlich widerstandsfähig und erträgt, wenn sie trocken gehalten wird, Temperaturen bis zu null Grad Celsius, jedoch nicht über längere Zeit.

Verbreitungsgebiet: Südwestliches Mexiko, Staat Oaxaca.

Vermehrung: Durch Sproß- und Blattstecklinge.

▲ ***Sedum sediforme***

Familie: *Crassulaceae*

Beschreibung: Robuste Pflanze, die in der komplexen botanischen Unterteilung der Gattung ihren Habitus und ihre Umgebung mit verschiedenen anderen Arten, die seit 1700 klassifiziert worden sind, teilt. Hermann Jacobsen, der vor allem auf den Studien seines deutschen Landsmanns Alwin Berger (1871–1931) basiert, ordnet sie in die Abteilung der wahren *Sedum* ein. Zu ihr gehört die Mehrzahl der Arten an felsigen Standorten, und obwohl man sie an verschiedenen Stellen trifft, sogar an Sandstränden, kann sie in steinigen Gärten oder als Zierde von Mauern, besonders von solchen aus Tuffstein, kultiviert werden. Die krautige Pflanze hat lange kriechende Sprosse und schmale fleischige, lanzenförmige Blätter, deren Oberseite flach ist. Ihre grün-graue Farbe erhält an der Sonne bronzefarbene Tönungen. Die Blattlänge erreicht zwei Zentimeter. Der kugelige Blütenstand trägt zahllose grünlichweiße kleine Blüten. Die Varietät *montanum* hat eine geschlossenere Gestalt.

Verbreitungsgebiet: Ganzer Mittelmeerraum.

Vermehrung: Durch Stecklinge oder durch Zerteilen des Polsters. Will man mit der Pflanze Mauern bekleiden, schließt man die Wurzeln gut mit Moos in die Mauerritzen ein, damit sie bis zum Anwachsen überdauern.

◂ ***Sedum sieboldii var. medio-variegatum***

Familie: *Crassulaceae*

Beschreibung: Diese Art gehört zur Gruppe mit dickem Wurzelwerk, das manchmal halb knollig ist. Zwar ist die Pflanze ausdauernd, doch welkt und verdorrt der oberirdische Teil im Herbst. Die neuen Triebe erscheinen im Frühling aus den Knospen der Basis letztjähriger Sprosse. Die Sprosse sind unverzweigt und je nach Haltung halb ausgestreckt, hängend oder nach unten gebogen. Ihre Farbe ist rötlich. Die ungestielten, fast runden Blätter stehen zu dritt in Wirteln. Sie haben einen keilförmigen Grund, gebuchtete Ränder, und in der Grundart ist die Farbe blaugrün. Der rot gezeichnete Rand wird im Herbst bräunlichgrün. Bei der hier erwähnten Varietät findet sich in der Blattmitte ein weißlicher Fleck. Die zahllosen kleinen, rosafarbenen Blüten mit eiförmigen Kelch- und lanzenförmigen Kronblättern stehen in endständigen Dolden. Die Pflanze ist in kalten Klimaten nicht absolut widerstandsfähig. Die Tatsache aber, daß während der Winterruhe keine oberirdischen Teile vorhanden sind, erhöht ihre Widerstandsfähigkeit. Ist der Winter nämlich zu warm, werden ihre Sprosse lang und schwach, die Blätter klein, und Blüten bleiben ganz aus.

Verbreitungsgebiet: Japan.

Vermehrung: Durch Sproßstecklinge oder Zerteilen des Busches.

◂ *Sedum spectabile*

Familie: *Crassulaceae*
Beschreibung: Diese ausdauernde und widerstandsfähige Sukkulente ist für Gärten mit trockenem felsigem Boden geeignet. Man kann die Pflanze aber auch in einem Gefäß halten. Sie hat aufrechte Sprosse, die sechzig Zentimeter Höhe erreichen. Daran findet man flache, fleischige, kurzgestielte Blätter mit durchgehendem oder leicht gezähntem Rand. Sie stehen kreuzweise gegenständig oder zu dritt in einem Wirtel und sind etwa fünf Zentimeter lang. Ihre Form ist oval oder spatelförmig. Die Blüten stehen in flachen endständigen Dolden. Obwohl sie klein sind und nur einen halben Zentimeter messen, verleihen ihre fünf sternförmig ausgebreiteten Kronblätter und ihr dichtes Beisammensitzen dem Blütenstand ein auffälliges Aussehen. Dieser erscheint im Spätsommer. Die Blütenfarbe ist im allgemeinen rosa. Man hat auch schon Formen mit weißen oder roten Blüten gezogen. Von dieser Art existiert eine Varietät mit weißgetupften Blättern, die aber ein bißchen empfindlicher ist.
Verbreitungsgebiet: Japan und Zentralchina.
Vermehrung: Durch Zerteilen der Büsche oder durch Sproßstecklinge.

▸ *Sedum treleasei*

Familie: *Crassulaceae*
Beschreibung: Kleiner, wenig verzweigter Busch mit fleischigen Sprossen, die mit der Zeit am Grund verholzen. Die ungestielten Blätter stehen an der Sproßspitze dicht beisammen, im unteren Sproßteil sind sie weiter voneinander entfernt. Sie sind sehr fleischig und länglich-eiförmig. Die Oberseite ist abgeflacht, die Unterseite angeschwollen und stark gekielt, so daß am Blattscheitel, der durch diese Blattbeschaffenheit schwach dreikantig geworden ist, eine leichte Spitze erscheint. Die Blattlänge kann drei Zentimeter erreichen. Die Farbe ist blaugrün, besonders bei jungen Blättern, die von einer weißen Wachsschicht überzogen sind. Bei älteren ist sie blaßgrün. Die gelben Blüten stehen in einem kugeligen Blütenstand. Die Pflanze ist ziemlich variabel, und möglicherweise existieren örtliche Formen und natürliche Hybriden. Die Pflanze wurde auch schon mit stumpferen und mehr nach oben gebogenen, aber auch mit ausgebreiteten Blättern beschrieben. Einige Unterschiede mögen durch die verschiedene Kultivation und Abweichungen in bezug auf Sonnenstrahlung und Temperatur zustandekommen.
Verbreitungsgebiet: Mexiko.
Vermehrung: Durch Sproß- oder Blattstecklinge in sehr sandiger Erde.

◂ *Sempervivum arachnoideum*

Familie: *Crassulaceae*
Name: Von lateinisch *semper,* «immer», und *vivus,* «lebend». Der Name wurde von Linné verliehen und kann sich sowohl auf die Fähigkeit beziehen, bei ungünstigen Umweltsbedingungen zu überleben, als auch auf das Vermögen, sich durch Ausläufer fortzupflanzen, da die Blattrosetten nach der Blütezeit absterben.
Beschreibung: Diese Gattung, die für die Kultivation ziemlich bedeutungslos ist, ist sehr ausgedehnt und in botanischer Hinsicht immer noch unklar gegliedert. Es existieren viele Arten, worunter fünf als die wichtigsten angesehen werden. Daneben finden sich noch natürliche Kreuzungen wie auch verschiedene Formen und Unterarten aus den verschiedenen Lebensräumen. Diese hier ist eine der charakteristischsten Arten. Sie besteht aus dicken Büschen von Blattrosetten, die einen Durchmesser von etwa drei Zentimeter nicht überschreiten. Die Blätter stehen dicht beieinander, und ihre Spitzen sind durch weiche weiße Haare, die ein typisches «Spinnennetz» bilden, miteinander verbunden. Die aufrechten Blütenstände tragen zahlreiche rosarote und rote Blüten. Von dieser Art gibt es zahlreiche Varietäten und Hybriden.
Verbreitungsgebiet: Auf den Felsen der Alpen und Apenninen.
Vermehrung: Durch Zerteilen der Polster und durch Samen.

▲ *Sempervivum wulfenii*

Familie: *Crassulaceae*
Beschreibung: Diese Pflanze besteht aus Rosetten zahlreicher grüner, eiförmiger, zugespitzter Blätter, die leicht behaarte Ränder haben und deren Grund leicht rot gefärbt ist. Jede Rosette hat einen Durchmesser von vier bis sieben Zentimetern, und wenn sie gut entwickelt ist, sendet sie Ausläufer aus, die neue Rosetten hervorbringen, die sich ungeordnet auf den Felsen ausbreiten. Der etwa dreißig Zentimeter hohe Stengel des Blütenstandes ist oft dicht behaart und auf seiner ganzen Länge von Deckblättern besetzt, deren Rand am Grund bewimpert ist. Die Blüten sind goldgelb. Wie die anderen Arten hat auch diese für die Sukkulentenhaltung eine beschränkte Bedeutung: alle *Sempervivum* stammen aus gebirgigen Gegenden Europas, Asiens und Afrikas, so daß sie am besten in felsigen Gärten kalter Gebiete gepflanzt werden. Im Tiefland und bei Fehlen der winterlichen Kälte verkümmern diese Pflanzen und bringen keine Blüten hervor.
Verbreitungsgebiet: Schweizer und Österreicher Alpen, auf Felsen und an trockenen steinigen Orten mit gutem Wasserabfluß in 1700–2600 Meter Höhe.
Vermehrung: Durch Zerteilen der Rosettenpolster oder Samen.

▶ *Senecio articulatus*

Familie: *Compositae*
Name: Von lateinisch *senex,* «der Alte», wegen des weißen Flaumhaares, das an die Haare eines Greises erinnert. Diese ausgedehnte Gattung umfaßt mehr als 1300 krautige, strauchige und baumförmige Arten. Ihre sukkulenten Arten waren einst teilweise in der Gattung *Kleinia* versammelt. Dieser Name wird heute noch von einigen Autoren verwendet, obwohl ihn der deutsche Naturforscher Carl Heinrich Schultz (1805–1867) bereits 1845 verworfen hat.
Beschreibung: Krautige Sukkulenten mit aufrechten, bis zu sechzig Zentimeter hohen Sprossen, die aus zahlreichen zylindrischen Gliedern von fünf bis fünfzehn Zentimeter Länge bestehen. Diese Glieder sind mehr oder weniger angeschwollen, und an ihrem gerundeten Scheitel oder seitlich entspringen oft auch Sekundärverzweigungen. Die Farbe ist blaßgrün mit einem weißlichen Wachsüberzug und dünnen grünen Linien. Die tief gelappten oder eingeschnittenen fleischigen Blätter werden im Sommer abgeworfen. Die kleinen cremeweißen Blütenstände sitzen vereinigt an der Spitze eines endständigen Stengels. Ein grüner Kelch umschließt die kleinen Blüten, die von einem weißlichen Pappus gefolgt werden. Die Blütezeit liegt im Herbst.
Verbreitungsgebiet: Südafrika, Kap-Provinz.
Vermehrung: Sehr einfach durch abgetrennte Sproßteile, die wenig tief in die Erde gesteckt werden. Die Pflanze entwickelt ein starkes, verzweigtes Wurzelwerk.

▾ Senecio haworthii

Familie: *Compositae*
Beschreibung: Diese kleine Pflanze, die in der Natur mit Leichtigkeit dreißig Zentimeter Höhe erreicht, bleibt in Topfkultur meistens niedriger. Allgemeiner unter dem Namen *Kleinia tomentosa* bekannt, ist dies eine zierliche Sukkulente mit dünnen, aufrechten, an der Basis nackten, wenig verzweigten Sprossen. Die fast ungestielten Blätter sind sproßförmig und an beiden Enden zugespitzt. Wie Sprosse und Zweige werden sie von einem silberweißen Filz bedeckt. Ihre Länge beträgt zwei bis drei Zentimeter. Die Einzelblüten stehen in orangefarbenen Köpfchen. Die Pflanze ist aber wenig blütenreich. Um zu verhindern, daß allzuviele Blätter verdorren, stellt man sie im Sommer während der heißesten Stunden in den Schatten. Im Winter verträgt die Pflanze keinen Frost. Sie hält aber kühle Temperaturen aus, sofern sie trocken gehalten wird.
Verbreitungsgebiet: Südafrika, nördliche Kap-Provinz.
Vermehrung: Die Vermehrung durch Stecklinge ist schwieriger als bei den anderen Arten dieser Gattung. Sie wird am besten bei warmem Wetter und viel Licht, aber ohne direkte Sonnenbestrahlung vorgenommen und mit kaum feuchtem Sand.

▴ Senecio ficoides

Familie: *Compositae*
Beschreibung: Halbstrauchige, ausgestreckte oder rankende Sukkulente mit fleischigen Sprossen, die mehr als einen Meter lang werden, einen Durchmesser von etwa zwei Zentimeter aufweisen und recht wenig verzweigt sind. Die ungestielten Blätter sind leicht zylindrisch und haben viele Längsadern. Ihre Länge schwankt zwischen zehn und fünfzehn Zentimetern. Die bläulichgrüne Pflanze ist ganz von einer weißen Wachsschicht überzogen, die bei leisester Berührung verschwindet. Der achsel- und endständige Blütenstand besteht aus langgestielten Köpfchen, die aus weißlichen Blüten zusammengesetzt sind. Im unteren Teil werden die Sprosse gern nackt, so daß es sich in Kultur empfiehlt, die Pflanze öfters durch Sproßspitzenstecklinge zu vermehren. Dadurch wird auch die Mutterpflanze dazu bewegt, im nackten unteren Abschnitt neue Zweige zu treiben.
Verbreitungsgebiet: Südafrika, Region um Kapstadt.
Vermehrung: Durch Stecklinge in sehr sandiger Erde oder Samen. An vollem Sonnenlicht entwickelt die Pflanze ihre schönste Farbe. Zu hohe Temperaturen im Winter haben einen dünnen und kümmerlichen Wuchs zur Folge.

◂ Senecio herreanus

Familie: *Compositae*
Beschreibung: Auf den ersten Blick scheint diese kriechende Pflanze kein Angehöriger der Familie zu sein. An den dünnen langen Sprossen, die an den Knoten, wann immer sie genügend feuchten Boden finden, Wurzeln aussenden, erscheinen in veränderlichem Abstand kurzgestielte, fast vollkommen runde, erbsenähnliche Blätter. Von Erbsen unterscheiden sie die kurze Spitze am Scheitel und die längsverlaufenden durchsichtigen Streifen. Einer dieser Streifen ist stets breiter als die anderen und erlaubt den Durchtritt des Lichtes in die tieferen Gewebe, die so trotz der Beschaffenheit der Pflanze Blattgrün produzieren können. Die Pflanze war früher unter den Namen *Kleinia gomphophylla* bekannt und wurde dann der Gattung *Senecio* einverleibt. Man kann dem alten Namen noch heute gelegentlich begegnen.
Verbreitungsgebiet: Südwestafrika, wo sie zwischen Felsen gedeiht, die sie zeitweise beschatten, und wo sie von der nächtlichen Feuchtigkeit profitieren kann.
Vermehrung: Durch Stecklinge, die nicht eingegraben, sondern im Schatten auf leicht feuchten Sand gelegt werden. Man tut gut daran, niedrige Gefäße mit großem Durchmesser zu verwenden, damit sich die Pflanze teppichartig ausbreiten kann.

◂ *Senecio pendulus*

Familie: *Compositae*
Beschreibung: Die Gestalt dieser Pflanze, die je nach Umgebung kriecht oder rankt, ist von jener anderer, aufrecht wachsender Arten der Gattung nicht verschieden. Dennoch hat sie ein leidiges Namensschicksal durchgemacht, indem sie zuerst *Notonia pendula,* dann *Kleinia pendula* hieß, bevor sie der Gattung *Senecio* zugeschrieben wurde. Hie und da trifft man sie noch heute unter einem ihrer früheren Namen. Die grüngrauen zylindrischen, seitlich oft abgeflachten krummen und gebogenen Hauptsprosse bestehen aus mannigfachen Gliedern. An ihnen findet man winzige Dornen, die umgewandelte Blätter darstellen und die Knotenstellen anzeigen, von denen die Seitenzweige ausgehen. Die Sproßoberfläche ist von dunkelgrünen Linien durchzogen, die an der Sonne violett werden und fächerförmig auseinanderlaufen. Die Pflanze verzweigt sich auch in der Erde und hat eine schlangenförmige Gestalt. Der sommerliche Blütenstand erscheint an den Sproßenden und wird von einem langen aufgerichteten Stengel getragen. Wenn sich die miteinander verwachsenen Deckblätter öffnen, erscheinen kleine röhrige Blüten mit schmalen Lappen von scharlachroter Farbe. Den Blüten folgt ein flaumiger Haarkranz: es sind die Flughaare der Samen.
Verbreitungsgebiet: Vom östlichen Äthiopien über die Enge von Bab el Mandeb nach Südostarabien.
Vermehrung: Durch Stecklinge oder Samen.

▾ *Senecio radicans*

Familie: *Compositae*
Beschreibung: Diese kriechende Sukkulente, die anderen Arten der Gattung ähnlich ist, hat zahlreiche dünne zylindrische, ausgestreckte Sprosse, von denen dicke Wurzeln ausgehen, die sich im Boden und zwischen Steinen und Felsen verankern. Die Pflanze verzweigt sich stark und erreicht eine Länge von mehr als dreißig Zentimetern. Ihre kurzgestielten wechselständigen Blätter sind in die Höhe gerichtet. Sie sind von elliptischer, an beiden Enden zugespitzter Form. Ihre Farbe ist blaß- oder gräulichgrün. Das ganze Blatt wird der Länge nach von durchsichtigen Linien durchzogen, von denen eine auf der Oberseite bedeutend breiter als die anderen ist. Die endständigen Blütenstände bestehen aus Köpfchen weißer Blüten, die aus dem langen grünen, von verwachsenen Deckblättern gebildeten Kelch vorspringen. An der Sonne werden die Blätter rötlich, auch verzögert sich dabei das Wachstum der Pflanze. Sie verlangt nämlich einen leicht beschatteten Standort, ähnlich jenem in ihrer natürlichen Umgebung zwischen Felsen.
Verbreitungsgebiet: Südafrika, Küstenzone nördlich von Kapstadt.
Vermehrung: Durch Samen oder Stecklinge, die auf leicht feuchten sandigen Boden gelegt werden. Der Steckling soll nicht eingegraben, sondern höchstens mit einem kleinen Stein fixiert werden.

▴ *Senecio stapeliaeformis*

Familie: *Compositae*
Beschreibung: Pflanze mit aufrechten Sprossen, die sich vom Grund auf verzweigt oder durch neue stammförmige Sprosse, die von den dicken, fleischigen weißen Wurzeln hervorgebracht werden, Büsche bildet. Die Sprosse haben einen Durchmesser von zirka zwei Zentimetern und sind leicht kantig. An den fünf bis sieben Rippen erscheinen Blätter, die wie kleine braune Dornen aussehen und einige Zeit ausdauern. Von der Blattansatzstelle aus laufen etwa fünf dunkelgrüne Linien strahlenförmig nach unten. Bei guten Lichtverhältnissen werden sie braunviolett. Zwischen den Rippen ist der Sproß silbergrau. Bei direkter Besonnung oder bei niedrigen Temperaturen bekommen diese Zonen einen purpurnen Glanz. Die endständigen, auf einem langen Stengel sitzenden Blüten sind in Wirklichkeit Blütenstände mit einem Kelch aus verwachsenen Deckblättern und zahlreichen roten röhrigen Einzelblüten. Die Selbstbefruchtung ist häufig, und den Blüten folgt ein flaumiger Pappus, der wie beim Löwenzahn der Samenverbreitung dient. Es existiert eine Varietät, *minor,* mit weniger fleischigen Sprossen und längeren Blattabständen.
Verbreitungsgebiet: Südöstliches Afrika. Die erwähnte Varietät findet man weiter nördlich, bis Nairobi in Kenia.
Vermehrung: Durch Samen, Stecklinge oder Zerteilen der Pflanze.

▲ ***Senecio tropaeolifolius***

Familie: *Compositae*

Beschreibung: Kleiner Busch mit dünnen Sprossen und dicker knolliger Wurzel, die auch einen kurzen, angeschwollenen, höckerigen Stamm bilden kann. Da die Sprosse sehr dünn sind, neigen sie dazu, sich zu biegen. Die langgestielten wechselständigen Blätter sind klein, gegen zwei Zentimeter lang, schildförmig, leicht fleischig, mit unregelmäßigem Randprofil und kurzer scharfer Spitze. Die Oberseite ist blaß- oder olivgrün, die Unterseite violettrötlich. Die verzweigten Blütenstände bestehen aus kleinen gelben Köpfchen. Die Pflanze verlangt öftere Wassergaben als die anderen Arten der Gattung und ist nicht frostbeständig. Wird sie im Topf gehalten und im Sommer der Sonne ausgesetzt, verdorren viele Blätter, besonders jene im unteren Teil der Sprosse und Zweige.

Verbreitungsgebiet: Südostafrika, das hügelige Gebiet in Malawi entlang des Niassa-Sees (bzw. Malawi-Sees).

Vermehrung: Durch Samen, Stecklinge oder Zerteilen der Pflanze. Im zweiten Fall erhält man aber keine kompakten, schön beblätterten Pflanzen.

▲ ***Stapelia gigantea***

Familie: *Asclepiadaceae*

Name: Er erinnert an den 1636 verstorbenen holländischen Arzt und Botaniker Johannes Bodaeus van Stapel, der das botanische Werk des griechischen Philosophen und Naturforschers Theophrastus (287–371 v. Chr.) übersetzt hat.

Beschreibung: Die ausgedehnte Gattung ist botanisch in Unterabteilungen unterteilt. Die hier erwähnte Art gehört zu einer der größten Unterabteilungen und ist auch einer der auffälligsten. Die fleischigen, aufrechten Sprosse sind etwa fünfzehn Zentimeter lang und haben vier flachgedrückte, flügelförmige Kanten, die mit kleinen Zähnen von blaßgrüner Farbe bewaffnet sind. Die Blüten, die wie bei den meisten übrigen Arten am Sproßgrund erscheinen, sind langgestielt und haben eine trichterförmige Krone, die in fünf breite, flache, zugespitzte Lappen gegliedert ist. Die Blüte weist einen Durchmesser von zwanzig bis dreißig Zentimeter auf. Ihre Farbe ist hellgelb, doch sind die Blütenblätter von dünnen, gewellten, karminroten Querstreifen durchzogen. Besonders in der Blütenmitte erscheinen rötliche Haare. Die Blüte verbreitet einen unangenehmen Geruch, um aasliebende Insekten anzuziehen, die sie bestäuben.

Verbreitungsgebiet: Östliches Südafrika, von Natal über Transvaal nach Rhodesien (Zimbabwe).

Vermehrung: Durch Samen oder Sproßstecklinge.

◂ ***Stapelia variegata***

Familie: *Asclepiadaceae*

Beschreibung: Diese Art ist in Kultur eine der am meisten verbreiteten, einerseits wegen ihrer anziehenden Blüten und andererseits wegen der Leichtigkeit, mit der sie hervorgebracht werden. In dieser Art finden sich etwa zwanzig gut unterschiedene Varietäten nebst einer enormen Zahl von Zwischenformen. Diese unterscheiden sich nur durch die Lage und Größe der Tüpfelung, wobei sogar die Grundfarbe verändert sein kann. Die Grundart hat einen grünen vierkantigen Sproß, der an der Sonne oder bei niedrigen Temperaturen violett wird. Die Kanten sind mit spitzigen, aber weichen und ausgebreiteten Zähnen bewaffnet. Der bis zehn Zentimeter lange Sproß verzweigt sich und bildet einen Busch. Die gestielten Blüten, die an seiner Basis erscheinen, haben eine flache Krone mit eiförmig-dreieckigen Lappen und kurzer Spitze. Sie öffnen sich um einen runden Kranz. Die Unterseite der Lappen ist blaßgrün, die quer gerunzelte Oberseite weist unregelmäßig verstreute violettbraune Flecken auf. Die Blütezeit beginnt Ende des Sommers. Die zwei langen Balgkapseln entlassen nach einem Jahr viele Samen, die rasch keimen.

Verbreitungsgebiet: Südafrika, Umgebung von Kapstadt.

Vermehrung: Durch Samen oder Sproßstecklinge.

◂ *Thelocactus bicolor*

Familie: *Cactaceae* (Tr. *Cacteae,* Subtr. *Cactinae)*

Name: Aus griechisch *thelé,* «Brustwarze», und *cactus* zusammengesetzt, weil die Rippen in Wirklichkeit aus dicken Warzen gebildet werden, die aneinandergereiht sind. Die Pflanze ist als «Ruhm von Texas» bekannt und wurde 1848 von Henri Guillaume Galeotti (1814–1858), dem Direktor des Botanischen Gartens von Brüssel, als der Gattung *Echinocactus* zugehörig klassifiziert. Später entfernte man die Pflanze wieder aus dieser Gattung.

Beschreibung: Die anfangs kugelige Pflanze wird allmählich konisch-säulenförmig und erreicht eine Höhe von fünfundzwanzig Zentimetern. Der gewöhnlicherweise einzelne Sproß kann manchmal am Grund einige Seitenzweige treiben und buschig werden. Er ist von grünlicher Farbe und hat acht warzige Rippen. Die runden Areolen tragen zwölf bis achtzehn weiße, gelbe oder rötliche radiale und gebogene Dornen. Die eher großen Blüten, die den oberen Areolen entspringen, haben eine kurze Röhre, zahlreiche Kronblätter, deren Farbe von fuchsrot bis scharlach variiert. Die Varietät *tricolor* hat rötere Dornen.

Verbreitungsgebiet: Vom südlichen Texas bis nach Mexiko. Die Pflanze gedeiht in der Wüste an der prallen Sonne. Sie verträgt sowohl alkalischen Boden als auch extrem trockene Luft.

Vermehrung: Meistens durch Samen.

▸*Synadenium grantii var. rubra*

Familie: *Euphorbiaceae*

Name: Von griechisch *syn,* «zusammen», und *adén,* «Drüse», wegen der miteinander vereinigten Drüsen der Blütenstände.

Beschreibung: Aufrechter Strauch mit dickem Sproß und aufsteigenden Zweigen, der drei Meter Höhe erreichen kann. Wie die meisten Wolfsmilchgewächse enthält auch diese Pflanze einen weißen Milchsaft, der bei der kleinsten Verletzung ausfließt. Die fast ungestielten spatelförmigen Blätter sind lederig, aber dennoch leicht fleischig, haben manchmal zart gezähnte Ränder und eine Länge von sechs bis zwanzig Zentimetern. Die Spreite ist auf der Oberseite weinrot, glatt und glänzend. Die Unterseite ist violettrot, ihr Mittelnerv blaß. Mit zunehmendem Alter wird die Farbe dunkelgrün und schimmert rötlich. Der untere Sproßteil wird langsam nackt und weist an den Knoten weiße Narben auf, aus denen die neuen Zweige treten. Die Blüten, die in dichotomen Wipfeln stehen und von behaarten Deckblättern umgeben sind, haben kleine rote Blütenhüllen und erscheinen im Herbst. Die Pflanze wächst schnell, ist aber dennoch kälteempfindlich. Während der heißesten Stunden im Sommer sollte sie nicht direkter Sonnenbestrahlung ausgesetzt werden.

Verbreitungsgebiet: Südöstliches Afrika, von Moçambique und Rhodesien (Zimbabwe) bis ins südliche Tansania.

Vermehrung: Durch Samen oder Stecklinge.

▾ *Thelocactus leucacanthus*

Familie: *Cactaceae* (Tr. *Cacteae,* Subtr. *Cactinae)*

Beschreibung: Die Pflanze hat einen etwa fünfzehn Zentimeter hohen ovalen oder zylindrischen Sproß. Mit der Zeit wird sie buschig, indem sie basale Seitensprosse aussendet und sich stark verzweigt. Sie ist blaßgrün und weist zehn bis zwölf spiralige, von konischen langen Warzen gebildete Rippen auf. Auf jeder Warze befindet sich eine wollige Areole mit zahlreichen Dornen. Es können bis zu zwanzig radiale sein, von drei Zentimeter Länge und blaßgelber Farbe. Der starke und rauhe zentrale Dorn steht einzeln. Er ist fünf Zentimeter lang und völlig gerade. Die eher großen Blüten erscheinen am Scheitel und haben lanzettlich zugespitzte Kronblätter von hellgelber Farbe, die rosarot glänzen. Dieser Kaktus wächst sehr langsam. Er widersteht der Kälte, wenn sie nicht zu stark und langandauernd ist. Vor allem muß er dann trocken gehalten werden.

Verbreitungsgebiet: Mexiko, Staat Hidalgo.

Vermehrung: Durch Samen oder Stecklinge von Seitensprossen älterer Pflanzen.

◂ *Titanopsis calcarea*

Familie: *Mesembryanthemaceae*
Name: Von griechisch *Titán,* «Titane», und *ópsis,* «Erscheinung». In Wirklichkeit waren die Titanen die Kinder von Uranos und Gaia. «Titan» war aber auch eine der Bezeichnungen des Sonnengottes Helios, und im vorliegenden Fall mag sich der Name auf die sonnenähnlichen Blüten beziehen.
Beschreibung: Diese kleine stammlose Sukkulente besteht aus Rosetten fleischiger, graugrüner und spatelförmiger Blätter, die nicht länger als drei Zentimeter sind. Der ganze obere Blattrand ist verdickt und von kleinen, flachen und rötlich-grauen Warzen bedeckt. Dies ergibt eine Mimese, die mit dem verbrannten Wüstenboden übereinstimmt. Die Blüten, die in der Mitte der Rosette erscheinen, sind leuchtendgelb und haben stark ausgebreitete Kronblätter. Die Pflanze wird buschig, indem sie kleine Kolonien bildet. Sie benötigt stark kalkigen Boden, eine lange Ruhepause, umsichtige Wassergaben, die nur bei hohen Temperaturen gereicht werden dürfen, einen guten Wasserabfluß an ihrem Standort und volle Besonnung, welche die Farben aufleben läßt. Man sieht, ihre Pflege ist nicht einfach. Im übrigen wächst die Pflanze äußerst langsam.
Verbreitungsgebiet: Südafrika, nördliche Kap-Provinz.
Vermehrung: Durch Samen oder Stecklinge von Seitensprossen.

▾ *Tradescantia navicularis*

Familie: *Commelinaceae*
Name: Er erinnert an Sir John Tradescant (~1580–1638). Er war Gärtner Karls I. von England, Naturforscher und Reisender. Der Name erinnert ebenfalls an seinen Sohn, John den Jüngeren (1608–1662), der etliche Male nach Virginia reiste.
Beschreibung: Niedriges, ausdauerndes, ausgestrecktes Kraut mit kurzen Sprossen, die an den Knoten Wurzeln schlagen. Sie sind fast ganz von den gegenständigen, ineinandergeschachtelten, zugespitzten und beinahe dreikantigen Blättern bedeckt, die auf der Oberseite stark nach innen gebuchtet und auf der Unterseite gekielt sind. Der Blattgrund bildet eine Scheide. Die Blattoberseite ist grün und wird an der Sonne gebräunt. Die Unterseite ist violett und von durchsichtigen Tupfen übersät. Die Ränder sind fein behaart. Die Blüten, die wie in der ganzen Familie eintägig sind, ragen zwischen zwei blattähnlichen Deckblättern hervor und haben drei kleine Kelch- und drei lilafarbene Kronblätter. Die Pflanze verlangt viel Helligkeit und verträgt auch prallen Sonnenschein.
Verbreitungsgebiet: Peru.
Vermehrung: Sehr einfach, wie für die ganze Gattung: man verwendet Stecklinge, die in sandiger Erde Wurzeln schlagen. Im Winter darf man nur geringe Wassergaben verabreichen, wenn die Pflanze ihre geschlossene Gestalt bewahren soll.

▴ *Tradescantia sillamontana*

Familie: *Commelinaceae*
Beschreibung: Obwohl nicht unter den Sukkulenten eingeordnet, hat diese vor verhältnismäßig kurzer Zeit eingeführte hübsche Pflanze die notwendigen Eigenschaften, um sie zu dieser Gruppe zu zählen. Ihre anfänglich aufrechten Sprosse ranken allmählich, bleiben jedoch bei guter Haltung unsichtbar, da sie von den Scheiden der eng zusammengerückten Blätter, die gegenständig sitzen, verdeckt werden. Die eiförmigen, drei bis fünf Zentimeter langen dunkelgrünen Blätter weisen parallele Nerven auf und sind von einem dichten wolligen Filz bedeckt, der auf der Oberseite weiß, auf der Unterseite violett ist. Wie bei der ganzen Gattung sind die Blüten eintägig und erscheinen nacheinander an den Sproßenden. Sie befinden sich zwischen zwei ineinandergeschachtelten blattähnlichen Deckblättern. Die eher großen Blüten haben drei kleine Kelch- und drei lilarosarote Kronblätter. Das dicke und kräftige Wurzelwerk bringt zu Beginn der Vegetationsperiode neue Sprosse hervor, falls während des Winters der oberirdische Teil abstirbt. Es ist ein sehr heller Standort nötig, um das Wachstum der Knotenabstände und den Verlust der weißen Wolle zu vermeiden. Im Sommer muß die Pflanze aber während der heißesten Stunden leicht beschattet werden.
Verbreitungsgebiet: Nordöstliches Mexiko.
Vermehrung: Durch Stecklinge.

▼ *Trichocereus strigosus*

Familie: *Cactaceae (*Tr. *Cereae,* Subtr. *Echinopsidinae)*

Name: Von griechisch *thríx,* «Haar, Borste» und *cereus,* weil die Areolen am Scheitel, welche die Blüten hervorbringen, einen dicken, wolligen Schopf haben. Rowley rechnet *Trichocereus* zur Gattung *Echinopsis.*

Beschreibung: Der Sproß dieser Art wächst aufrecht, hat den eher dünnen Durchmesser von etwa fünf Zentimetern, ist blaßgrün und nicht höher als ein Meter. Auf den zahlreichen eher abgeflachten, gerundeten Rippen sitzen kleine runde weißliche Areolen. Die Pflanze hat zehn bis fünfzehn radiale Dornen. Die vier zentralen Dornen sind länger, und obwohl sie mit der Zeit braun und schließlich grau werden, bringen sie an jungen Pflanzenteilen eine erstaunliche Farbenvielfalt hervor: von blau nach orange und rot bis dunkelrot. Obwohl die Pflanze nur selten blüht, bringen vor allem alte Sprosse seitlich, in der Nähe des Scheitels, dennoch Blüten hervor. Sie erscheinen aus den Areolen, die braungelb behaart sind. Ihr Durchmesser beträgt fast zwanzig Zentimeter. Die Kronblätter sind weiß, während die Außenseite der Kelchblätter mehr oder weniger blaß-rötlichbraun ist. Einige Varietäten verbreiten einen starken wohlriechenden Duft. Die Pflanze erträgt die Kälte ziemlich gut.

Verbreitungsgebiet: Nordwestliches Argentinien.

Vermehrung: Durch Samen oder Seitensprosse.

► *Trichodiadema densum*

Familie: *Mesembryanthemaceae*

Name: Von griechisch *thríx,* «Haar, Borste», und *diádema,* «Diadem, Krone», wegen der borstigen Krone, die sich strahlenförmig an jeder Blattspitze ausbreitet.

Beschreibung: Kleine Sukkulente mit kurzem Sproß, die niedrige kissenartige Büsche bildet. Die ungefähr einen halben Zentimeter langen Blätter sind sehr fleischig, zugespitzt, haben eine flache Oberseite und eine gerundete Unterseite. Ihre Oberfläche weist winzige durchsichtige Erhebungen auf, die ihr eine graugrüne Farbe verleihen. An jeder Blattspitze erscheinen aus einer gelben Erhebung zahlreiche weiße Borsten, die sich strahlenförmig ausbreiten. Die dicht ineinandergeschachtelten, kreuzweise gegenständigen Blätter verdorren mit der Zeit im unteren Sproßteil, aber die neu sich ausbreitenden Triebe verdecken im allgemeinen die entblößte Basis. Die für die Familie charakteristischen Blüten gleichen auf den ersten Blick den Margeriten und haben violettrote Kronblätter.

Verbreitungsgebiet: Südafrika, Kleine Karroo.

Vermehrung: Durch Samen oder Zerteilen der Büsche. Im Topf liebt sie den Halbschatten oder für wenige Stunden die Sonne. In ihrer natürlichen Umgebung schützen sie Felsen vor zu intensiver Sonnenstrahlung.

▾ *Umbilicus rupestris*
«Venusnabel»
Familie: *Crassulaceae*
Name: Abgeleitet von lateinisch *umbilicus,* «Nabel», wegen der charakteristischen Form der Blätter, die in der Mitte eingetieft sind. Einst war die Pflanze unter dem Namen *Cotyledon umbilicus* zu finden.
Beschreibung: Wie viele der kleinen einheimischen Pflanzen ist diese zierliche Sukkulente wenig auffällig und wird kaum beachtet. Ihre Lieblingsstandorte sind Felsen und Mauern, wo ihre Wurzeln in die feuchten Ritzen und Vertiefungen eindringen. Man kann sie aber auch am Fuß und im untersten Teil alter Bäume antreffen, an feuchten kühlen Orten, wobei sie sich hartnäckig an die Risse der Rinde klammert. Sie ist jedoch kein Parasit. Die Pflanze bildet eine Rosette grundbürtiger, gestielter, schildförmiger Blätter von fleischiger Beschaffenheit und von glänzend-grüner Farbe. Die Spreite sieht auf der Oberseite, wie es der Name sagt, wie ein Nabel aus, mit schwach rundlich gezähntem Rand. Aus der Mitte der Blätter steigt der bis zu fünfundzwanzig Zentimeter hohe Blütenstand auf, dessen gelblichgrüne, kleine und hängende Blüten Trauben bilden.
Verbreitungsgebiet: Die in Europa heimische Pflanze gedeiht an feuchten Orten, da die Lufttrockenheit ihr schlimmster Feind ist.
Vermehrung: Durch Samen. Man kann sie aber auch zerteilen und hernach versetzen.

Glossar

Achäne Nüßchen; aus unterständigem Fruchtknoten entstandene, für die meisten Compositae bezeichnende Schließfrucht, bei der Fruchtwand (Perikarp) und Samenschale (Testa) miteinander verwachsen sind

Achse Stamm (bzw. Hauptsproß) im Gegensatz zu den Blättern

Achsel Winkel zwischen Achse (oder Seitenachse) und Blattstiel

achselständig in der Blattachsel stehend; axillär

adult geschlechtsreif, erwachsen

Ähre Blütenstand mit aufrechter Hauptachse, an welcher sitzende oder ganz kurzgestielte Blüten sich entwickeln

alkalisch die Eigenschaften von Alkalien (Basen) besitzend

Alkaloide vorwiegend giftige stickstoffhaltige Pflanzenbasen mit ausgesprochen physiologischer Wirkung; Rausch- und Heilmittel

Areole für Kakteen typische Haarpolster (eigentlich Achselknospen), die den Seitensprossen anderer Pflanzen entsprechen; aus den Areolen entspringen die Dornen. Bei Säulen- und Kugelkakteen sitzen die A. auf den Rippen

arid dürr, trocken; Klimabezeichnung für Steppen und Wüsten, wo die Niederschläge ungleichmäßig verteilt sind und die Verdunstung größer als der Niederschlag ist

Arillus fleischiger Samenmantel, der sich nach der Befruchtung entwickelt

Assimilation alle Prozesse, die mit dem Aufbau lebender Substanzen verknüpft sind; in der Botanik speziell die Bildung organischer Substanz aus Kohlendioxid von Luft und Wasser unter Abgabe von Sauerstoff – ein Vorgang, der nur in grünen Pflanzenorganen stattfinden kann, da er an Blattgrün (Chlorophyll) gebunden ist

ausdauernd perennierend; beständig, d. h. die Lebensdauer der Pflanze beträgt mehr als ein oder zwei Jahre

Ausläufer Stolonen; teils ober-, teils unterirdische Seitensprosse mit stark verlängerten Internodien und reduzierten Blättern, die sich in einiger Entfernung von der Mutterpflanze bewurzeln und durch Absterben des dazwischenliegenden Stückes neue Individuen bilden

Axille zweiter Vegetationspunkt an der Basis der Warze; Ursprungsstelle für Seitensprosse und Blüten, während die Areole an der Spitze der Warze Dornen ausbildet

Balgkapsel Folliculus; aus einem einzigen Fruchtblatt bestehende oberständige Gebilde, die sich an der Verwachsungsnaht («Bauchnaht») öffnen

basal grundständig; auf oder an der Basis gelegen, an der Grundfläche

Bastard Hybride, Mischling; Produkt aus der Kreuzung zweier oder mehrerer verschiedener Typen (Rasse, Varietät, Art, Gattung)

Beere Baca; eine meist mehrsamige Frucht mit fleischiger oder saftiger Fruchtwand, die nicht aufspringt

Befruchtung Vereinigung der Kerne einer männlichen und einer weiblichen Keimzelle zu einer einkernigen Zelle (Zygote)

Bestäubung Übertragung des Pollens auf die zum erfolgreichen Auskeimen geeignete Stelle einer Blüte. Selbstbestäubung (Autogamie): Pollen fällt auf die Narbe derselben Blüte; Fremdbestäubung (Allogamie): Pollen wird auf die Narbe einer anderen Blüte übertragen

Bestockung Bildung von Seitensprossen an den oberirdischen Knoten, die aber dem Boden ziemlich benachbart sind

bewehrt, bewaffnet mit Dornen und Stacheln versehen

Blatt Phyllom; seitliches Organ des Pflanzensprosses. Der Vegetationskörper der höheren Pflanzen wird auf folgende Grundorgane zurückgeführt: 1. Wurzel, 2. Sproß, 3. Blatt

Blattachsel Winkel zwischen Sproß (Stengel, Stamm) und Blatt; was in diesem Winkel steht, heißt achselständig oder axillär

Blattdorn zu spitzen, harten, holzigen Dornen umgebildete Blätter oder Blatteile

Blattgrund der am Sproß zunächst angrenzende Teil des Blattes, der häufig als eine scheiden- oder röhrenförmige Ausbreitung (Blattscheide) erscheint; Ausgliederungen des Blattgrundes sind Nebenblätter

Blatt(ober)haut Epidermis

Blattnervatur die Blattspreite wird von Nerven (Adern, Gefäßbündeln) durchzogen, die ein reich verzweigtes Netzwerk bilden; siehe auch Nervatur

Blattscheide Vagina; der den Sproß umfassenden Teil eines ungestielten Blattes; siehe auch Blattgrund

Blattspreite Lamina; der verbreiterte Teil des Blattes, der mit einem Blattstiel oder direkt dem Sproß aufsitzt

Blattsukkulenten siehe Sukkulenten

Blüte Flos; zur geschlechtlichen Fortpflanzung umgebildete Sprosse oder Sproßabschnitte, bzw. Blätter. In der vollständigen Blüte sind Staubblätter und Fruchtblätter vorhanden (Zwitterblüte), in der unvollständigen entweder nur Staubblätter oder nur Fruchtblätter (diklin)

Blütenachse, -boden Receptaculum

Blütenblätter bei der einfachen Blütenhülle von einem einzigen Kreis meist gleich gestalteter Hüllblätter gebildet, bei der doppelten Blütenhülle aus zwei oder mehr Kreisen von Hüllblättern bestehend, die entweder gleichgestaltet oder in Kelch- und Kronblätter differenziert sein können

Blütenhülle besteht aus Kelch- und Kronblättern (Perianthum), den männlichen Staubblättern (Androeceum) und den weiblichen Fruchtblättern (Gynoeceum)

Blütenstand Infloreszenz; der blütentragende Teil der Blütenpflanze

Braktee Trag- oder Deckblatt der Blüte

Brutknospen, -zwiebeln Bulbillen; zwiebel- oder knollenartige, mit Reservestoffen erfüllte Knospen, die sich von der Mutterpflanze loslösen, sich bewurzeln und zu neuen Individuen heranwachsen

Busch	aus basalen Sprossen auswachsende Triebe von begrenzter Lebensdauer
buschig	ähnliches Aussehen wie ein Busch
Cephalium	Kopf, Schopf aus Borsten oder Haaren, aus dem bei einigen Kakteenarten die Blüten wachsen
Chlorophyll	Blattgrün; alle grünen Farbstoffe, welche die Kohlendioxidassimilation der Pflanzen ermöglichen
cristat	wie ein Hahnenkamm geformt; verbänderte, kammartige Entwicklung des Sprosses
Cyathium	Pseudanthium, Scheinblüte; blütenartiges Organ bei einigen Gattungen der Wolfsmilchgewächse (Euphorbiaceae), das im Gesamtblütenstand an die Stelle der Einzelblüte tritt und deren Funktion übernimmt; Mz. Cyathien
Deckblatt	Braktea, Braktee; das Blatt, in dessen Achsel eine Knospe steht
dekussiert	kreuzweise gegenständig; siehe Kreuzstellung
diätetisch	der Lehre von der richtigen Ernährung und gesunden Lebensweise entsprechend
diochotom	Diochotomie: Scheitel- oder Zweiteilung; Art der Verzweigung, wobei der ursprüngliche Vegetationspunkt sich in zwei neue Vegetationspunkte teilt, bei einigen Mammillaria vorkommend
Dolde	Umbella; Blütenstand, bei dem mehrere Blütenstiele von ein und derselben Ebene ausgehen
Dorn	im Gegensatz zu den Stacheln als Hautgebilde entstehend, durch Umwandlung aus Seitensprossen oder Blättern oder Seitenwurzeln hervorgegangen; siehe auch Blattdorn
Drainage	engl. drain, dt. drainieren; Abgrabung, Ableitung von Wasser, Entwässerung, Wasserabfluß
eingedellt	von Delle: leichte Vertiefung, Beule
einhäusig	monözisch; siehe zweihäusig
eingeschlechtig	diklin; Pflanzen, in deren Blüten nur die Staubgefäße oder nur die Stempel entwickelt sind
einzeltypisch	Gattungen mit nur einer Art (= monotypisch)
endemisch	einheimisch; die Art oder Varietät kommt einzig in dem bezeichneten Gebiet vor
endständig	terminal; an der Spitze, am Ende stehend
Epiphyt	auf anderen Pflanzen wachsende Pflanze, die sich im Gegensatz zum Parasit selbständig ernährt
Familie	der Gattung übergeordnete systematische Einheit
Fettpflanze	Sukkulente; siehe diese
Fiederblatt	einfache Blätter, deren Einschnitte parallel in jeder Spreitenhälfte bis zur Mittelrippe verlaufen
Flachsprossen	Phyllokladien; umgebildete, blattartig abgeflachte, grüne Sproßachsen
Flora	Gesamtheit aller Pflanzenarten, die ein bestimmtes Land oder Gebiet bewohnen
Form	niedrigste systematische Stufe unterhalb der Art; Abkürzung f.
Fortpflanzung	Reproduktion; Bildung der Nachkommenschaft und ihre Lösung von der Mutterpflanze, womit in der Regel eine Vermehrung verknüpft ist. Fortpflanzung und Vermehrung können auf ungeschlechtliche und auf geschlechtliche Weise erfolgen
Fremdbestäubung	Allogamie; der Pollen wird auf die Narbe einer anderen Blüte übertragen
Frucht	Fructus; aus einer Blüte hervorgehende Organe, die die Samen bis zur Reife umschließen. Es sind in erster Linie die die Samenanlagen bergenden Fruchtknoten, welche die Frucht bilden
Fruchtblätter	Karpella; die Blattorgane der Pflanze, welche die Samenanlagen erzeugen. Die Gesamtheit der Fruchtblätter einer Blüte heißt Gynoeceum
Fruchtknoten	Ovarium; aus den Fruchtblättern gebildeter geschlossener Hohlraum, in dem die Samenanlagen (Ovula) eingeschlossen sind
Fruchtwand	Perikarp
Gattung	Genus; Zusammenfassung mehrerer engverwandter Arten (Species), die eine Reihe gemeinsamer Merkmale aufweisen, zu einer nächsthöheren Gruppe
gegenständig	zwei auf einer Höhe, aber auf gegenüberliegenden Seiten befindliche Blätter
gekielt	der Länge nach von einer vorspringenden Kante durchzogen
gelappt	einfache Blätter, deren Einschnitte nicht bis zur Mitte der Spreitenhälfte laufen
genetisch	entwicklungsgeschichtlich, abstammungsmäßig, den Erbanlagen gemäß
getrenntgeschlechtlich	männliche und weibliche Organe befinden sich auf verschiedenen Blüten
gezähnt	ein mit spitzen Vorsprüngen und gerundeten Einbuchtungen versehener Blattrand
Glochiden (Glochidien)	als G. oder Angelborsten bezeichnet man bei den Opuntien eine besondere Form der Trichome (Haare), die einzellig, stark verdickt und in ihrem oberen Teil mit nach rückwärts gerichteten Fortsätzen bedeckt sind; daher dringen sie zwar leicht in fremde Körper ein, aber die Fortsätze verhindern, daß sie wieder herausgleiten, weshalb man die Glochiden auch als Widerhakenstacheln bezeichnet
Griffel	Stylus; der faden- oder säulenförmige Teil des Stempels (Pistille), der dem Fruchtknoten aufsitzt und die Narbe trägt
grundbürtig	vom Boden her wachsend, sich entwickelnd
grundständig	dicht gedrängt stehende und meist dem Erdboden anliegende Blätter oder andere Pflanzenorgane an einem mit stark verkürzten Stengelgliedern (Internodien) versehenen Sproß; siehe auch basal
Haarfilz	Haare: Trichome; Gebilde, die aus einer, selten aus mehreren Epidermiszellen hervorgegangen sind; Haarbildungen haben häufig die Gestalt von Schuppen, Warzen, Blasen etc.
habituell	inhaerent, erblich fixiert
Habitus	die äußere Erscheinungsform der Pflanze
Halluzinogen	halluzinationsartige Erscheinungen (Sinnestäuschungen, Trugwahrnehmungen) ohne Außenreiz hervorrufend; auch als Substantiv verwendet (= Rauschmittel)
humos	reich an Humus

Humus Gesamtheit der dem mineralischen Boden beigemischten oder ihm aufgelagerten organischen Substanzen pflanzlicher oder tierischer Herkunft

Hybride Nachkomme von Eltern, die sich in einem oder mehreren erblichen Merkmalen unterscheiden; auch als Bastard oder Kreuzungsprodukt bezeichnet

Individuum Einzelwesen, Mz. Individuen; wörtlich: ein unteilbares Ganzes

Kaktus Cactaceae; Familie zweikeimblättriger Gewächse mit dickfleischigem, ergrüntem kugeligen oder walzenförmigen Sproß und verkümmerten, oft in Dornen umgewandelten Blättern und großen Blüten

Kapselfrucht Capsula; aus zwei bis mehreren verwachsenen Fruchtblättern gebildete Frucht, die sich in verschiedener Weise öffnet und die Samen ausstreut

Keim(ling) Embryo; das im Samen vorgebildete junge Pflänzchen

Keimblatt Kotyledone (bei Samenpflanzen); siehe Keimung

Kelch Calyx; siehe Krone

Kelchblätter Sepalen; siehe Blütenhülle und Perigon

Keimung erste Entwicklungsvorgänge bei den Pflanzen, speziell die Entfaltung des im Samen angelegten Keims, an dem sich Stammteil (Hypokotyl), Keimblätter (Kotyledonen) und Würzelchen (Radicula) unterscheiden lassen

Klima Gesamtheit der Witterungserscheinungen eines Gebietes; Mz. Klimate

Knolle Tuber; der Zwiebel verwandte metamorphisierte Sprosse, deren Achse fleischig angeschwollen ist und als Nähstoffbehälter dient

Knoten Nodi; Stellen eines Sprosses, an denen Blätter entspringen. Die Abschnitte zwischen den Knoten heißen Stengelglieder (Internodien)

kolbig Kolben: Spadix; ährenartiger Blütenstand, bei dem die Spindel, an der die dicht stehenden Blüten sitzen, dick und fleischig ist

konisch kegelförmig

Konvergenz äußerliche Ähnlichkeit genetisch verschiedener Pflanzen

Köpfchen Capitulum; traubenförmiger Blütenstand mit verkürzter und verbreiterter Hauptachse, an der die Einzelblüten sitzen; das ganze K. ist vom Hüllkelch umgeben und sieht äußerlich einer Einzelblüte ähnlich

Körbchen Blütenstand mit vielen kleinen, ungestielten Blüten, die alle in einer Ebene aus der abgeflachten, von Hüllblättern umgebenen Achse wachsen

Kraut Kormuspflanzen, deren saftige oberirdische Sprosse nur relativ wenige verholzte Gewebe ausbilden

krautig von ähnlichem Aussehen wie das Kraut

Kreuzstellung Stellung gegenständiger Blätter, wenn sich die aufeinanderfolgenden Blattpaare rechtwinklig kreuzen

Kreuzung Vereinigung zweier Keimzellen (Gameten) mit verschiedenem Erbgut

kreuzweise gegenständig siehe Kreuzstellung

Kronblätter Petalen; siehe Krone

Krone Corolla; der von den Kron- oder Blumenblättern (Petalen) gebildete innere Kreis der Blütenhülle bei Blüten, bei denen die äußeren und inneren Blütenhüllblätter verschieden sind und die einen Kelch (Calyx) und eine Blumenkrone (Corolla) bilden

Kurztagpflanze Pflanzen, deren Blütenbildung von einem täglichen Licht-Dunkel-Wechsel mit einer bestimmten Höchstdauer der Lichtperiode (12 Stunden oder kürzer) abhängig ist oder gefördert wird

Kutikula wachsähnliches, für Wasser undurchdringliches Häutchen auf der Oberhaut (Epidermis)

Langtagpflanze benötigt zur schnellen Bildung ihrer Blüten eine Beleuchtung von mehr als 14 Stunden täglich; unterhalb einer bestimmten kritischen Tageslänge unterbleibt das Blühen

lanzettiich, lanzenförmig oben und unten zugespitztes Blatt, das vier- bis sechsmal so lange wie breit ist

lappig nicht mit tiefen Einschnitten versehen

lebendgebärend vivipar; 1. Pflanzen, deren Samen an der Mutterpflanze schon keimen, herabfallen und sich bewurzeln; 2. Gewächse, die anstelle oder außer den Blüten auch Brutknospen erzeugen

lokale Form Arten, die nur in einem enger umgrenzten Bezirk auftreten

Luftwurzel oberirdisch entstehende Wurzel, die in der Luft meist unverzweigt bleibt, sich aber bei Erreichen des Bodens wie eine gewöhnliche Wurzel verhält

Meskalin Alkaloid (siehe auch dieses) der mexikanischen Kaktee Lophophora williamsii; Rauschmittel

Metamorphose Umwandlung, Veränderung, Umbildung: wenn ein Organ eine von der gewöhnlichen Form abweichende Gestalt annimmt, um dadurch eine besondere Funktion verrichten zu können

Milchsaft milchige Flüssigkeit, die eine Emulsion von Gummi, Harzen, Kautschuk und Fetten in Wasser darstellt

Mimese Schutztracht mancher Pflanzen (und Tiere), die sich in der Färbung und Gestalt belebten und unbelebten Körpern ihrer Umgebung anpassen; Nachahmung (= Mimikry)

monotypisch Gattung mit nur einer Art, Familie mit nur einer Gattung usw.

Mutanten die durch Mutationen geänderten Formen

Mutationen spontane oder künstlich ausgelöste Abänderungen der Erbmasse, die nicht als Folge von Kreuzungen auftreten; die Änderung kann entweder einzelne Erbfaktoren (Gene), die Struktur der Träger der Erbanlagen (Chromosomen) oder deren Zahl betreffen

nacktsamig Blütenpflanzen, deren Samen nackt, d. h. nicht in einem Fruchtknoten eingeschlossen sind

Narbe Stigma; das oberste Ende der Fruchtblätter bei bedecktsamigen Pflanzen, das zur Aufnahme der Pollenkörner bestimmt ist und eine klebrige Flüssigkeit ausscheidet

Nebenblätter Stipulae; Ausgliederungen des Blattgrundes. Durch Verwachsung können sie eine Röhre bilden, zuweilen werden sie zu Dornen umgewandelt

Nervatur Gesamtheit der Nerven (Gefäßbündel) eines Blattes; siehe auch Blattnervatur

Nomenklatur Namengebung; die Benennung der Pflanzen und Tiere erfolgt seit Linné (Systema naturae 1735) so, daß jede Pflanzen- und Tierart mit zwei lateinischen (bzw. latinisierten) Namen benannt wird (binäre Nomenklatur), deren erster die Gattung (Genus) und deren zweiter die Art (Species) bezeichnet. Bei Varietäten wird noch ein dritter Name beigefügt, gewöhnlich unter Zusetzung der Abkürzung var. (= variatio)

Oberhaut Epidermis

oberständig Fruchtknoten der Blüte steht oberhalb der Ansatzstelle der Blütenhülle und der Staubblätter. Gegenteil: unterständig

Pappus Haarkelch der Compositae, der die Verbreitung der Samen durch den Wind begünstigt

Parasit Schmarotzer; Lebewesen, das sich auf oder in einem anderen Organismus ansiedelt und auf dessen Kosten lebt

Perianth Blütenhülle aus Kron- und Kelchblättern

Perigon Blütenhülle, deren Kronblätter (Petalen) und Kelchblätter (Sepalen) nicht ausreichend differenziert sind; die Einzelteile des Perigons heißen Tepalen

Peyotl getrockneter, in Scheiben geschnittener oberirdischer Teil der mexikanischen Kakteenart Lophophora williamsii, enthält Meskalin und andere Alkaloide, wird als Halluzinogen (siehe dieses) gekaut

Pfropfung künstlich herbeigeführte Verwachsung von abgeschnittenen Pflanzenteilen mit Teilen derselben oder anderer Pflanzen

Photosynthese chemische Umwandlung von Kohlendioxid und Wasser zu Zucker, Stärke, Zellulose usw. durch den Einfluß des Sonnenlichts und des Chlorophylls; siehe auch Assimilation

Phyllodien Auftreten von Laubblättern anstelle anderer Organe

Pigmentation Ablagerung von Pigment (Körperfarbstoff); Färbung

Pollen Blütenstaub, Pollenkörner; männliche Fortpflanzungskörper, meist zwei Pollensäcke in jeder Längshälfte eines Staubbeutels (Anthere)

Protoplasma die lebende Substanz in den Zellen von Pflanze, Tier und Mensch; das P. schließt die plasmatische Grundsubstanz und alle Zellorganellen und Membransysteme ein (u. a. Zellkern und Zellmembran)

Pulpa die saftigen oder fleischigen Teile einer Frucht

Pulque berauschendes Getränk aus gegorenem Agavensaft bei den Indianern Mexikos

Quirl sind mehrere Blätter an einem Knoten vorhanden, bilden sie einen Quirl oder Wirtel; sie sind Glieder des Wirtels. Man spricht in diesem Fall von quirlständiger oder wirteliger Blattstellung

radiäre Ausbildung die Organe sind rings um die Längsachse nach allen Radien des Querschnittes annähernd gleichartig angeordnet (z. B. Radialdorne um einen Zentraldorn oder mehrere)

Rasse Sorte; Bezeichnung für eine erblich konstante oder nahezu konstante Abweichung von Arttypus

Reproduktion siehe Fortpflanzung

Rhizom Wurzelstock; unterirdische oder dicht über dem Boden wachsende ausdauernde Sprosse, die meist horizontal gerichtet, dick und mit Reservestoffen gefüllt sind und meist stammbürtige Wurzeln tragen

Rippe an der Basis der verkümmerten Blattanlagen sich bildende polster- oder kissenartige Gebilde; an deren Stelle können auch Reihen von Höckern und Warzen treten

Rosette an der Sproßbasis einer Pflanze meist dichtgedrängt stehende grundständige Blätter

Rübe knollig angeschwollene Pfahlwurzel, die neben der Funktion der Stoffleitung auch noch die der Stoffspeicherung übernimmt

Samen Semen; aus einer Samenanlage entstandenes Verbreitungsorgan: vorübergehend ruhender Embryo, von Samenschale umschlossen und meist mit besonderem Nährgewebe

Samenanlagen Ovula; das weibliche Fortpflanzungsorgan, das die Eizelle enthält

Samenmantel Arillus; siehe diesen

Samenschale Testa

Scheinblüte Pseudanthium; siehe Cyathium

Seitensproß aus Seitenknospen am Hauptsproß sich zum Zweig entwickelnd (= Seitenzweig, Seitentrieb)

Sekundärverzweigung sekundär: an zweiter Stelle stehend, im Anschluß an etwas Primäres erfolgend; siehe auch Verzweigung

Selbstbefruchtung Autokarpie; Befruchtung einer Samenanlage durch ein Pollenkorn aus derselben Blüte

Selbstbestäubung Autogamie; Blüten, die sich durch ihren eigenen Pollen befruchten

Spaltöffnungen regeln den Gaswechsel der Pflanze und die Abgabe von Wasserdampf; in der Regel auf der Unterseite der Blätter, bei Kakteen unmittelbar auf der Pflanzenoberfläche eingesenkt

spatelförmig wie ein kleiner Spatel (schaufelähnliches Werkzeug) aussehend

Speicherorgane, unterird. Wurzeln, die zur Speicherung von Reservestoffen benützt werden (Knollen, Rüben)

spiralig schrauben-, schneckenförmig gedreht

Sproß Kormus; Blätter tragender Teil der Pflanze, gegliedert in den Hauptsproß oder die Hauptachse (Sproßachse, Kaulom), die Blätter (Phyllome) und die in den Achseln der Blätter entspringenden Seiten- oder Achselsprosse. Der jugendliche Zustand eines Sprosses wird als Knospe bezeichnet, die der Verjüngung dienenden Sprosse heißen Erneuerungs- oder Innovationssprosse. Metamorphosen des Sprosses sind: die Flachsprossen (Phyllokladien), der Wurzelstock (Rhizom), die Knolle und die Zwiebel, die Ausläufer (Stolonen), die Sproßdornen und Sproßranken

Sprößling Ableger, Absenker; ganze Seitensprosse oder Zweige, die in den Erdboden gebogen und abgetrennt werden, wenn sie sich verwurzelt haben

Sproßmetamorphose die mit einem Funktionswechsel verknüpfte Umwandlung von Laubsprossen in Dorne, Ranken, blattähnliche Gebilde (Phyllokladien) usw.; siehe auch Sproß

Stacheln kräftige spitze Auswüchse der Oberhaut (Epidermis), an deren Aufbau sich jedoch auch unter der Epidermis gelegene Zellen beteiligen – im Gegensatz zu den Dornen

Stammsukkulenten siehe Sukkulenten

Staubbeutel Anthere; siehe Staubblätter

Staubblätter Stamina, Staubgefäße; die den Blütenstaub (Pollen) erzeugenden Blattorgane, die in ihrer Gesamtheit den männlichen Geschlechtsapparat bilden. Sie sind in einen stielartigen Träger (Staubfaden) und den die Pollensäcke enthaltenden Staubbeutel (Anthere) gegliedert

Staubfaden Filament; siehe Staubblätter

Stempel Pistille; Fruchtblatt, weibliches Geschlechtsorgan der Blütenpflanzen, aus Fruchtknoten, Griffel und Narbe(n) bestehend

Stengelglieder Internodien; siehe auch Knoten (Nodien)

Stolonen Ausläufer; siehe dort

strauchförmig, strauchig Strauch: Frutex; bis etwa 3 m hohe Holzgewächse, deren Haupt- und Seitenachse sich schon aus basalen ober- oder unterirdischen Seitenknospen verzweigen oder bei denen anstatt einer Hauptachse mehrere gleichwertige Stämmchen vorhanden sind

Sukkulenten Saft-, Fettpflanzen; vor allem in Trockengebieten verbreitete Pflanzen, die Wasser über lange Dürreperioden in besonders großzelligem Grundgewebe speichern können. Je nach Lage des wasserspeichernden Gewebes im Pflanzenkörper unterscheidet man Blattsukkulenten mit fleischig verdickten Blättern (z. B. Aloe, Agave, Fetthenne), Stammsukkulenten, deren mehr oder weniger verdickte Sproßachsen wegen fehlender oder reduzierter Blätter auch der Assimilation dienen (vor allem Kakteen, Asclepiadaceae = Seidenpflanzengewächse und Wolfsmilchgewächse = Euphorbiaceae), und Wurzelsukkulenten (einige Arten der Pelargonien = Pelargonia)

Sukkulenz fleischig-saftige Beschaffenheit pflanzlicher Organe durch reichliche Ausbildung wasserspeichernden Grundgewebes

Synonym gleichbedeutend; ein anderes Wort für die gleiche Sache

Tarnung Anpassung an die Umgebung; siehe Mimese

transparent durchscheinend, durchsichtig

Transpiration Ausscheidung von Wasser in Gasform durch die Spaltöffnungen oder durch die äußerste Schicht der Oberhaut (Kutikula); Abgabe von Wasser aus lebenden Pflanzenteilen

Traube Blütenstand mit gestreckter Hauptachse, an der sich gestielte Einzelblüten entwickeln, ohne sich aus ihren Vorblättern weiter zu verzweigen (einfache Traube)

Tribus zwischen Familie bzw. Unterfamilie und Gattung stehende systematische Kategorie, die näher verwandte Gattung zusammenfaßt

Trieb Bezeichnung für den jungen Haupt- oder Seitensproß

ungestielt ohne Stiel

unterständig der Fruchtknoten steht unter dem Ansatz der Blütenhülle und der Staubblätter, ist also unterständig oder epigyn; im entgegengesetzten Fall ist er oberständig oder hypogyn

Vakuole von Flüssigkeit (Zellsaft) erfüllte Hohlräume im Inneren einer Zelle

Variation Veränderung von Organismen durch Außen- und Innenbedingungen; die so umgestalteten Individuen nennt man Varianten

Varietät varietas, Abart, Spielart, Form; kleinere Abweichung innerhalb der Art; Abkürzung var.

Vegetationsperiode Teil des Jahres, in dem die Hauptmasse der in einem Gebiet wachsenden Pflanzen in lebhaftem Wachstum begriffen ist – im Gegensatz zur Vegetationspause oder Ruheperiode

Vegetationspunkt Zone, die ständig embryonal und teilungsfähig bleibt

Vegetative Vermehrung Lostrennung vegetativer Teile von der Mutterpflanze (Blätter, Zweige, Ausläufer, Brutknospen usw.), die zu selbständigen Individuen werden können

Verdunstung siehe Transpiration

Vergeilung Etiolement; durch langdauernde Verdunkelung bewirkte starke Überverlängerung der Sproßachse und Verkleinerung der Blätter

Verholzung Einlagerung von spezifischen Holzstoffen (Ligninen) in die Zellulose der Zellmembranen

Verkorkung Einlagerung von Korksubstanz in die Zellusloseschichten der Zellwände

Vermehrungssproß löst sich ab und wird zu neuem Individuum

Verzweigung Ramifikation; die Ausbildung gleicher Pflanzenglieder. Der am Hauptsproß entspringende Zweig heißt Zweig oder Sproß erster Ordnung. Ist der Hauptsproß ein Stamm, wird der Seitenzweig nach der Verholzung als Ast bezeichnet. Die Verzweigung eines Zweiges bzw. Astes heißt Seitensproß zweiter Ordnung usw. (haplokaulisch)

Wachsbelag siehe Kutikula

Warze Erhebung am Ende der Areolen, wobei an der Basis der Warze ein zweiter Vegetationspunkt tätig wird; siehe auch Axille

wechselständig Blätter, die nur in Einzahl am Knoten stehen

Wipfel unterwärts meist astlos werdender Stamm, der oberwärts die aus mehrfach verzweigten Ästen gebildete Krone trägt

Wirtel siehe Quirl

Wurzelsukkulenten Pflanzen, die als Wasserspeicherorgan die Wurzeln oder Teile von ihnen ausgebildet haben oder einen Teil des Sprosses und einen Teil der Wurzel; siehe auch Sukkulenten

Xerophyten Landpflanzen an trockenen Standorten oder in trockener Luft, die vor allem die Abgabe von Wasser in Gasform aufs äußerste einschränken, die Laubblätter verkleinern oder gänzlich reduzieren, die

äußerste Schicht der Oberhaut (Kutikula) stark ausbilden, die Spaltöffnungen vermindern und versenken usw. Eine besondere Form der Xerophyten bilden die Sukkulenten; siehe diese

Zahn spitzer Vorsprung am Blattrand; auch umgewandeltes Blatt

Zellkern Nukleus; im Zytoplasma eingebettet, enthält fast das gesamte genetische Material eines Lebewesens: von den Zellkernen aus werden die Erbmerkmale weitergegeben

Zellmembranen Plasmalemma; Bestandteil und äußere Begrenzung der Zellen aller Organismen, Vermittler zwischen Zelle und Umwelt der Zelle mit entsprechenden Eigenschaften und Funktionen

Zellsafträume Vakuolen; siehe diese

zweigeschlechtlich (Zwitter-)Blüte mit Staub- und Fruchtblättern

zweihäusig diözisch; die männlichen und weiblichen Fortpflanzungsorgane sind auf zwei getrennte Pflanzen verteilt. Dazu: einhäusig = monözisch; männliche und weibliche Blüten sitzen auf ein und derselben Pflanze

Zwiebel Bulbus; meist unterirdischer, kugeliger Nährstoffspeicher

Zwitterblüten vollständige Blüte aus Staub- und Fruchtblättern, also männlich und weiblich (= zweigeschlechtlich)

Zygote befruchtete Eizelle, im weiteren Sinn das aus ihr hervorgegangene Lebewesen

Zytoplasma Zellplasma, Inhalt einer Zelle, jedoch ohne Kernplasma

Bibliographie

Backeberg, Curt: Das Kakteenlexikon, 5. Aufl., Gustav Fischer Verlag, Stuttgart 1979

— : Handbuch der Cactaceae, Veb Gustav Fischer Verlag, Jena 1957

Bayley, Liberty Hyde: The standard encyclopedia of horticulture, 3 Bände, The Macmillan Co., New York 1961

Berger, Alwin: Crassulaceae, in A. Engler: Die natürlichen Pflanzenfamilien, 2. Aufl., Band 18, Verlag W. Engelmann, Leipzig 1930

Borg, John: Cacti, Blandford Press Ltd., 4. Auflage 1976

Botanischer Garten München, Gewächshausführer, 8. Aufl., München 1963

Britton, Nathaniel, und Rose, Joseph: The Cactaceae, 2 Bände, Dover Publications, New York 1963

Carlson, R.: The flowering cactus, Mc Graw-Hill Book Co. Inc., New York, Toronto, London

De Wit, H. C. D.: Il mondo delle piante, Band 1 – 2: Le piante superiori, Verlag Mondadori, Mailand 1964

Encke, Fritz/Buchheim, Günther/Seybold, Siegmund: Zander – Handwörterbuch der Pflanzennamen, 11. Auflage, Verlag Eugen Ulmer, Stuttgart 1979

Gardener's Chronicle, Ser. III/XXVIII, London 1925

Gardener's Chronicle, Ser. III/XXXI, London 1927

Graf, Alfred: Exotica III, Roehrs Co., Rutherford/N. Y. 1973

Hedberg Olav: Features of Afroalpine Plant Ecology, Almqvist & Wiksells, Uppsala 1964

Herre, H.: The Genera of the Mesembryanthemaceae, A. A. Balkema, Rotterdam 1973

Hutchinson, J.: The Genera of Flowering Plants, Band II, Oxford University Press, Oxford 1967

Huxley, Anthony: Das phantastische Leben der Pflanzen, Hoffmann und Campe, Hamburg 1977

— : Il pianeta della piante, Verlag Mondadori, Mailand 1975

Index Kewensis and supplements, Oxford 1893 – 1960

Istituto Geografico De Agostini: Flora esotica, herausgeg. von U. Tosco, Novara 1972

Jacobsen, Hermann: A handbook of succulent plants, 3 Bände, Blandford Press, London 1976

Jacobsen, H./Volk, O. H./Herre, H.: Mesembryanthemaceae (Mittagsblumengewächse), Ulmer, Stuttgart 1950

Jex-Blake, A.G.: Gardening in East Africa, 4. Aufl., Longmans, London 1957

Journal of the South African Botany, Bd. XXVIII, Kirstenbosch 1962

Lamb, Edgar: The illustrated reference in cacti and other succulents, 4 Bde., Blandford Press, London 1955

Polunin, Nicolas: Introduction to Plant Geography, Longmans, London 1960

Schwantes, G.: Flowering Stones and Midday Flowers, Ernst Benn Ltd., London 1957

Rowley, Gordon: Kosmos-Enzyklopädie der Sukkulenten und Kakteen, Franckh'sche Verlagshandlung, Stuttgart 1979

Smith, A. W., und Stearn, W. T.: A Gardener's Dictionary of Plant names, Cassel, London 1972

Spruce, R.: Notes of a Botanist on the Amazon and Andes, A. Russel Wallace, London 1908

Trelease, W., und Yuncker, T. G.: Piperaceae of Northern South America, University of Illinois Press, Urbana 1950

Weniger, Del: Cacti of the South West, Univ. of Texas Press, Austin und London

Went, Fritz: L'ecologia delle piante del deserto, in: Vita delle piante, Aldo Martello, Mailand 1959

Alphabetisches Verzeichnis

Die *kursiven* Zahlen verweisen auf die Abbildungen in der Einleitung (Seiten 8–71)

Bildnachweis

Alpha: Seiten 163 – 164. – Archiv Mondadori 56 – 57. – Ardea Photographics, London, K. W. Fink: 14 o.l., 81 o./u.l. – Enzo Arnone, Mailand: 12, 42, 45 l., 60 o., 65, 70, 71 u., 75 o.l./o.r., 76, 77 u., 78 o., 79, 80, 81 r., 83 o.l./r., 85 o., 86 u., 93 o.l., 94 o.r/u., 95, 96, 97 u.l., 98 o.r./u., 100, 104 o., 105, 106 u.l., 107 o.r., 109, 110 o.r., 113 u.l., 114 u.l., 114 – 115 o., 155 o.r., 117 o.r.,/u.r., 118 o.l., 120 o., 121, 122 o.l./o.r., 130, 132 r., 133 u., 135 o.l./o.r., 136 o.l./o.r., 137, 141 o.r., 142 o./u., 144 o.l./o.r., 145 o., 146 u.l., 147 o., 148, 149 o.l./o.r., 150, 151, 152 o.l., 153 o., 154 u., 155, 157, 158 o.l., 160 u., 163. – A – Z Collection: 99 o.r., 145 u. – Anthony Bannister: 53, 108. – N. A. Callow: 17 l. – L. Colangeli, Rom: 13 o., 29 m., 66 o.l., 69, 110 u.r., 111 u.l., 118 u.r., 136 u.l. – B. Coleman, Uxbridge: 54 o. – Douglas Dickins: 24, 46. – G. Fuga, Rom: 27 m., 64 r. – Bob Gibbons: 72 – 73. – Su Gooders: 66 u. – Grant Heilman: 51 o. – Henry E. Huntington Library and Art Gallery: 49. – Jacana, Paris: 16 r. – Peter Johnson: 10. – König: 67 r., 89 u.l. – Lieutier: 154 o. – Eric Lindgren: 31 l. – Marka Graphic, Mailand: 9 r., 15, 20, 23 r., 112 o., 141 u.r. – Giuseppe Mazza, Monte Carlo: Umschlag, 2, 14 u., 18, 21, 25 l., 29 o./u., 30 l., 32, 34, 35 r., 36, 38, 38 – 39, 39, 44, 54 u., 55, 58 o.l., 67 l., 74, 77 o., 82 o., 84 o.l./u.l., 85 m., 87, 88 o.l./u., 90, 91, 92 l., 97 u.r., 99 u., 101, 102 u., 103, 104 u., 107 u.r., 110 l., 112 u., 113 o.l., 115 u.l., 116, 117 l., 118 – 119 o., 119 u.r., 120 u., 122 u.r., 123 o., 124 o.l./o.r., 125, 126, 127, 128, 129, 131 o.r./m., 132 l., 133 o., 134, 135 u.l., 138, 139, 140, 143 o., 146 o.l./r., 147 u., 149 u., 152 r., 156, 158 o.r., 159 l., 162. – Norman Myers: 6 – 7, 9 l., 11, 19, 25 r., 30 r., 40 – 41, 58 u.l., 131 u.l. – Nardin: 22, 153 u. – N. H. P. A., Saltwood, Nr. Hythe (Kent): 59. – P 2: 43 u., 50 l., 89 o.r. –Pilloud: 61, 76 – 77, 86 o. – Luisa Ricciarini, Mailand/C. Bevilacqua: 14 o.r., 27 r., 106 – 107, 142 m., – Robba: 27 l., 152 u.l. – Walter Rossi, Rima und mit freundlicher Erlaubnis des Botanischen Gartens Neapel: 8, 17 r., 23 l., 33, 43 o., 50 r., 51 u., 75 u., 78 u., 82 u., 83 u., 84 r., 85 u., 88 o.r., 92 r., 97 o., 98 o.l., 99 o.l., 102 o., 111 o.l./m.r., 113, 114 r.u., 123 u., 124 u., 141 m.l., 143 m./u., 144 u.r., 158 u.l., 159 r., 161 u. – Ruffier-Lanche: 47, 58 r. – H. Simeone Huber: 16 l. – F. Simion: 13 u., 45 r., 66 o.r. – Souricate: 31 r. – The Royal Horticultural Society Journal: 62. – Tomsich: 60 o., 64 l., 68 – 69, 71 o. – F. Naylor Tresco: 93 u.l./u.r., 94 o.l. – Wardene Weisser: 35l.